MITARBEITER
ZU FANS
MACHEN

christian
BRINK

MITARBEITER ZU FANS MACHEN

BOURDON
VERLAG

*Mein herzlicher Dank gilt Hermann Scherer, der mich dazu
bewegt und motiviert hat, dieses Buch zu schreiben.
Vielen Dank, lieber Hermann, für dein Mentoring und deine
Inspiration, Chancen zu nutzen und einfach mal groß zu denken.*

Im folgenden Text wird verallgemeinernd das generische Maskulinum
verwendet. Diese Formulierungen umfassen gleichermaßen weibliche und
männliche Personen; alle sind damit selbstverständlich gleichberechtigt
angesprochen.

Bibliografische Information der Deutschen Nationalbibliothek
Die Deutsche Nationalbibliothek verzeichnet diese Publikation in der Deutschen Nationalbibliografie; detaillierte bibliografische Daten sind im Internet
unter http://dnb.d-nb.de abrufbar.

© Bourdon Verlag GmbH, Hamburg 2020

Lektorat: Melanie Kattanek, Hemmingen
Umschlaggestaltung: Lena Vansteenkiste, Warendorf
Satz, Produktion und Korrektorat: Verlagsbüro Wais & Partner, Stuttgart
Druck und Bindung: CPI GmbH
Printed in Germany

ISBN 978-3-947206-08-7

www.bourdon-verlag.de

Inhalt

würde! ~~würde!~~
hätte! ~~hätte!~~
könnte! ~~könnte!~~
sollte! ~~sollte!~~

S GEHT'S!

Vorwort

Da kümmern wir uns um den Kunden, wir kümmern uns um Marketing und all das, doch eines vergessen wir: das wichtigste Gut, nämlich den Mitarbeiter. Die meisten Mitarbeiter werden abgespeist mit billigen Motivationsreden oder irgendwelchen Geburtstagsgeschenken wie einem Amazon-Gutschein. Warum nicht gleich irgendeine Prostitution, die dabei eine riesige Rolle spielt? Wir alle haben längst verlernt, den Mitarbeiter in den Mittelpunkt zu stellen. Wir haben längst verlernt, wirklich ein cooles Unternehmen zu werden. Und wir glauben im Ernst noch daran, dass ein Kickertisch im Eingangsbereich – mit verstaubten Kickerfiguren, noch dazu sind die originalen Bälle längst verloren gegangen und man muss neue gegen ein Pfand von 3,80 Euro bei Ursula Müller in der Kantine ausleihen – ein cooles Unternehmen ausmacht.

Diese Zeiten sind vorbei. Ich will den Pionier unter den Hotelketten, Ritz Carlton, zitieren. Ritz Carlton war immer Vorreiter in der Hotellerie. Das erste Hotel mit Fön, das erste Hotel mit Aufzug, das erste Hotel mit elektrischem Licht, und irgendwann sprachen, glaubten und lebten die Leute von Ritz Carlton ihr Leitbild:

> »We are Ladies and Gentlemen,
> we are serving Ladies and Gentlemen.«

Wer die Weltelite erobern will, wie es Ritz Carlton gemacht hat, der schafft das nur, weil er die Botschafter des Unternehmens hat. Diese Botschafter sind logischerweise die Mitarbeiter. Und wer Mitarbeiter wie Affen behandelt, braucht sich nicht zu wundern, wenn er mit

Affen arbeitet. Oder wie war doch gleich wieder dieses Zitat mit den Peanuts? Ein Unternehmer setzt seinen Fokus genau auf die Mitarbeiter. Doch nein, er will nicht die Mitarbeiter in den Vordergrund stellen, sondern sie genauso in Verantwortung nehmen und auffordern, Botschafter für ihr Unternehmen zu sein. Das Beste zu geben, um Menschen und Unternehmen zur Marke, zur Marktführerschaft bis hin zur Weltmarktführerschaft zu bringen.

Deswegen ist vollkommen klar, dass er die Welt bereist hat und sie immer wieder bereisen wird, um die Beispiele zu finden, die Menschen wirklich entzünden. Der Kirchenvater Augustinus sagte einst: »In dir muss brennen, was du in anderen entzünden willst ... Nur wer selbst brennt, kann Feuer in anderen entfachen.« Womit wir beim Thema dieses Buches sind, denn ER ist die Fackel, nein, er ist das Olympische Feuer der Mitarbeitermotivation – der Autor dieses Buches Christian Brink.

Hermann Scherer

Werden Sie zum Fan Ihres Unternehmens!

Hand aufs Herz: Gehören Sie zu den größten Fans Ihres Unternehmens? Und schaffen Sie es, auch Ihre Mitarbeiter so zu motivieren, dass sie begeistert sind, bei Ihnen zu arbeiten? In meiner Aufgabe als Berater für Betriebliches Gesundheitsmanagement (BGM) durfte ich in viele Unternehmen reinschnuppern. Ganz gleich welche Branche, in den meisten Betrieben glich die Stimmung eher der bei einem Klassikkonzert als der Euphorie bei einem WM-Finale. Obwohl die Unternehmen sich bereits viele Gedanken machten rund um das Thema Betriebliches Gesundheitsmanagement, so wurden doch meistens nur die harten Faktoren betrachtet.

Was bringt es einem Mitarbeiter, wenn er einen ergonomischen Bürostuhl hat, die Kantine gesunde Kost bietet und Stresspräventions-Kurse angeboten werden, wenn er von seinem Teamleiter nicht wahrgenommen wird? Was nützen die besten Gesundheitsmanagement-Programme, wenn das Führungspersonal nicht motivieren kann? Welche Erfolge wollen Sie erzielen mit einem Team, das Dienst nach Vorschrift macht, statt sich begeistert und visionär voll ins Zeug zu legen? Und wie lange, denken Sie, können Sie Ihren wirtschaftlichen Erfolg aufrechterhalten, wenn Ihre Mitarbeiter ihr Leistungslimit erreicht oder deutlich überschritten haben?

Ich weiß, was es heißt, sich selbst und andere zu motivieren. Selbst größter Fan meines Handelns, bin ich mir sicher, dass in jedem Unternehmen immenses Potenzial schlummert. Dieses zu fördern ist mein Ziel. Dabei geht es um Klarheit, Führungsstärke, Selbstverantwortung und Selbstreflexion.

In diesem Buch beschreibe ich meine Vision von gesunden Unternehmen. Ich zeige schonungslos auf, woran es krankt, und gebe persönliche Erfahrungen weiter, was die Mittel und Wege betrifft, wie Sie sich und Ihr Unternehmen nachhaltig verbessern können. Wenn Sie selbstkritisch genug sind und bereit sind, vielleicht jahrzehntelange Handlungsweisen vollständig über Bord zu werfen für ein neues Unternehmerverständnis, dann sind Sie hier richtig.

Ich wünsche Ihnen viel Freude beim Lesen und echte Aha-Momente!

Übrigens: Angesprochen sind in diesem Buch alle Menschen mit Personalverantwortung. Jede und jeder, die/der in einer Führungsebene arbeitet oder ihr/sein eigenes Unternehmen betreibt, kann aus den Inhalten des Buches neue Ideen und Inspirationen erhalten. Im Text spreche ich oft von Unternehmern: damit sind Sie alle gemeint. Und um den Lesefluss nicht zu erschweren, erlaube ich mir in der Regel, die männliche Form zu verwenden. Ansprechen will ich natürlich auch Frauen! Vielen Dank für Ihr Verständnis.

Außerdem will ich, dass Sie jedes Kapitel für sich lesen können, und wiederhole daher immer wieder mal Einiges, was mir besonders wichtig erscheint.

Noch ein Ratgeber?
Nein, ein Mutmacher mit Klartext!

Wenn wir uns im Buchhandel umschauen, dann finden wir bereits unzählige Ratgeber für mehr Erfolg im Unternehmen. Mein Buch ist kein Ratgeber im klassischen Sinne. Es gibt einige Handlungsempfehlungen, doch keine To-Do-Listen und Hausaufgaben, die suggerieren »damit wird alles gut«. Denn das, was ich in diesem Buch vermitteln möchte, lässt sich nicht stumpf auswendig lernen oder anwenden. Mir geht es um eine Lebenseinstellung, die uns von der Opferhaltung in die Selbstverantwortung bringt. Es sind die weichen Faktoren, die extrem kraftvoll sind und den Erfolg vieler großer Marken ausmachen.

Ich möchte Ihnen Mut machen, neue Wege zu gehen, anders zu denken und bewusster zu handeln. Damit Sie wiederum Ihre Mitarbeiter, Ihr Team oder auch Ihren Vorgesetzten begeistern können. Ich bin überzeugt, dass, ganzheitlich betrachtet, viel mehr in Ihnen und Ihrem Unternehmen steckt, als Sie derzeit glauben. Ich will für mich und andere groß denken und diese Visionen in kleine, zielführende Schritte verpacken.

Doch Vorsicht: In diesem Buch wird Klartext geredet. Mir ist bewusst, dass ich mit einigen Aussagen Ihren bisherigen Weg vollständig infrage stelle. Ich weiß, dass einige Ideen und Gedanken eher befremdlich und risikobehaftet wirken können. Sie brauchen Mut, um voranzugehen und etwas zu ändern. Daher enthält dieses Buch weder Weichmacher noch Filter, sondern mein klares Statement das betreffend, was ich von erfolgreichen, gesunden Unternehmen erwarte. Klare Fakten, die Ihnen helfen, Entscheidungen zu treffen und Ihr Schicksal selbst in die Hand zu nehmen.

Es muss Ihnen nicht alles gefallen, was ich zu sagen habe. Ich lege gern den Finger in die Wunde und schaue, wo es schmerzt. Denn Angst, Schmerz oder Widerstand zeigen nur, dass ich eine Grenze erreicht habe, hinter der ein unbekanntes Feld liegt. Vielen fehlt der Mut für den Schritt ins Unbekannte, ein Risiko einzugehen, im Vertrauen, dadurch eine Verbesserung zu erzielen. Doch wären Kolumbus oder andere Entdecker genauso zögerlich gewesen: wer weiß, ob wir heute überhaupt die Kartoffel kennen würden!

Ich habe selbst genügend erlebt, dass ich weiß: Alles ist möglich, wenn man es anpackt. Ich lasse keine Ausreden gelten. Es gibt immer »Ja, aber …«-Argumente, die schlüssig klingen. Weil sie Sie in Sicherheit wiegen. Weil es einfach ist, alles so zu belassen, wie es ist. Es ist leichter, anderen die Verantwortung für Misserfolge oder Stagnation zuzuschieben, als selbst an sich zu arbeiten. Statt zu lernen und loszugehen, erstarren wir lieber. Was wir haben, wissen wir, was kommt, ist fraglich.

Doch wenn Sie in Ihrem Leben und Ihrem Unternehmen nachhaltig Erfolg haben wollen, in allen Lebensbereichen, dann müssen Sie Verantwortung übernehmen. Dann liegt es an Ihnen, Ihre Handlungen zu hinterfragen und sich selbst zu Bestleistungen zu motivieren. Sie haben das Potenzial, sich selbst zu verbessern und so positiv auf die Entwicklung Ihres Unternehmens zu wirken. Trauen Sie sich! Fangen Sie mit meiner Hilfe an, anders zu denken. Ich zeige Ihnen die Faktoren für erfolgreiches Unternehmertum aus verschiedenen Blickwinkeln. Ich eröffne Ihnen neue Perspektiven – wenn Sie sich darauf einlassen!

Wie *ich* zu meinem größten Fan wurde

Gesundheit … Wann haben Sie sich das letzte Mal bewusst mit diesem Thema befasst? Vielen fällt es erst wieder ein, wenn sie krank sind oder eine Behinderung sie beeinträchtigt. Oder ganz einfach gesagt: wenn sie Schnupfen haben und man ihnen Gesundheit wünscht, wenn sie niesen. Doch wie heißt es so schön?

»Gesundheit ist nicht alles,
aber ohne Gesundheit ist alles nichts.«

Vor diesem »nichts« stand ich als siebenjähriger Junge. Das Thema Gesundheit hat mein Leben geprägt und mich geformt. Damit Sie die Motivation hinter meinen Zeilen in diesem Buch besser verstehen, nehme ich Sie mit auf eine Reise in meine Vergangenheit. Ich erzähle Ihnen meine ganz persönliche Geschichte – die Mut machen soll. Denn Aufgeben war für mich nie eine Option.

Alles begann an einem kalten Januarmorgen 1987 in der kleinen Stadt Hettstedt im Mansfelder Land. Als meine Mutter mich für die Schule weckte, fühlte ich mich sehr erschöpft, lustlos und platt. Mir schoss der Gedanke durch den Kopf »Heute habe ich wieder Ringer-Training und eigentlich gar keine Lust drauf«. Wenn ein Siebenjähriger mit solchen Gefühlen und Gedanken in den Tag startet, dann stimmt etwas nicht.

Ich stand auf einem kleinen Hocker vor dem Spiegel beim Zähneputzen, als mir plötzlich in Bruchteilen von Sekunden schwarz vor Augen wurde. Ich fiel vom Hocker und landete mit dem Kopf auf dem Heizungsrohr. Zum Glück war ich nicht bewusstlos, doch meine Mutter war total erschrocken. Zügig ging es in die Poliklinik, doch dort wurde ich von Abteilung zu Abteilung geschickt, da man nicht feststellen konnte, was mit mir los war.

Nach geschlagenen zwei Stunden wollten wir eigentlich schon wieder nach Hause gehen, als es plötzlich hieß: »Der Junge muss direkt ins Kinderkrankenhaus und sofort an einen Tropf! Seine Blutzuckerwerte sind so hoch, jeder Erwachsene würde schon im Koma liegen!« Dazu der Hinweis an den Sanitäter: »Die Nadel des Tropfes bitte nur zur Hälfte in den Arm stechen, sie ist ein wenig zu lang.« Im Krankenwagen wusste ich nicht, wie mir geschah. Ich sah nur diese lange Nadel in meinem Arm stecken und war geradezu apathisch.

Mit war völlig unklar, was mit mir passierte, was die Ärzte mit mir taten und warum ich diese Nadel im Arm haben musste, und so reagierte ich im Kinderkrankenhaus trotzig, teilnahmslos und vielleicht sogar innerlich etwas wütend. Schließlich hing ich gefühlt tagelang an diesem blöden Tropf und bekam nur Haferschleim zu essen. Sie können sich vorstellen, wie begeistert ich war, als endlich der Tropf abgenommen wurde.

Doch was ich in diesem Moment nicht wusste: Eine Schwester stand schon mit der nächsten Nadel und einer denkbar schlechten Nachricht für mich in der Tür. »Christian, du musst dich jetzt jeden

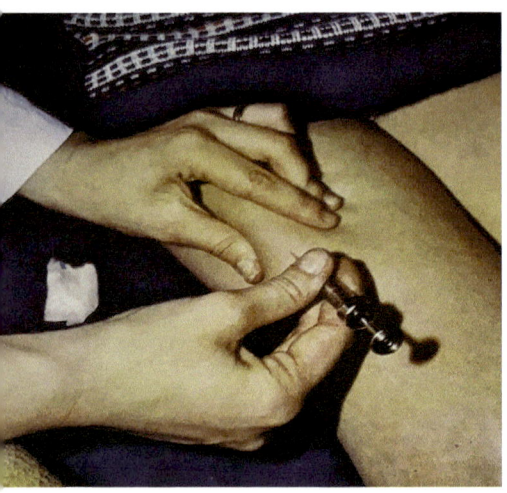

Tag dreimal spritzen.« Was für eine gruselige Vorstellung, sich drei Mal am Tag diese lange Nadel ins Bein stechen zu müssen! Doch letztendlich mussten wir es alle lernen, meine Eltern und ich, damit ich wieder nach Hause durfte. »Aber verdammt«, dachte ich – ich war einerseits erleichtert, den Tropf loszuwerden, doch das mit dem Spritzen behagte mir gar nicht.

Doch nicht nur das Spritzen veränderte mein Leben und versaute mir die Leichtigkeit meiner Kindheit. Man erklärte mir, dass ich von nun an einen geregelten Tagesablauf haben müsste. Ich dürfte nur noch so essen, wie man es mir im Krankenhaus zeigte. Süßigkeiten seien tabu. Nicht dass es zu DDR-Zeiten so viele Süßigkeiten gegeben hätte, doch es war dennoch eine Einschränkung. Nun waren Mahlzeiten und Spritzen an feste Zeiten gebunden. Der Tagesablauf sollte von einer Krankheit bestimmt werden. Der Zwang und Druck, der dahinter stand, hat sicherlich einen großen Anteil daran, dass ich bis heute ein Problem damit habe, wenn mir jemand sagt: »Du musst das jetzt so machen!« Das autoritäre Prinzip ist nicht mein Weg. Ich war schon als Siebenjähriger ein kleiner Rebell und Freigeist. Doch damals zählte eiserne Disziplin, denn mein Leben hing nun davon ab. Für mich fühlte es sich an, als wäre das Leben nun vorbei. Nach drei Wochen verließ ich das Kinderkrankenhaus mit der Diagnose »Diabetes mellitus Typ 1«.

Für unsere Familie begann ein neues Leben. Alles, was wir zuvor gekannt hatten, war nun ganz anders. Meine Eltern brachten mir die nötige Disziplin bei, die ich brauchte. Sie können sich sicherlich denken, dass bei einem Jungen dieses Alters nicht alles immer gut geklappt hat. Doch letztendlich hat mich diese Erfahrung zu dem gemacht, der ich heute bin.

Die Schulzeit mit dem Diabetes war spannend und hatte Vor- und Nachteile. So durfte ich als Einziger im Unterricht frühstücken, und wenn ich das Bedürfnis hatte, auf die Toilette zu gehen, dann wurde mir das wesentlich »unbürokratischer« ermöglicht als den anderen Mitschülern. Dafür war seitdem meine Mutter auf jeder Klassenfahrt dabei. Auch wenn ich meine Mutter liebe, so wäre ich damals gern auch mal allein unterwegs gewesen. Immer mit Muttern im Schlepptau ist auf Dauer ein komisches Gefühl.

Der Junge im roten T-Shirt bin ich

Auch in der Schule wurde alles, was die Ärzte im Krankenhaus festlegten, genauestens umgesetzt.

Seit meinem siebten Lebensjahr wurde mir beigebracht, wie Disziplin in puncto Gesundheit funktioniert. Regelmäßig essen zu bestimmten Zeiten, regelmäßig spritzen zu bestimmten Zeiten und nach Möglichkeit viel Bewegung. Aber bitte nur kein Leistungssport, denn Leistungssport war für Diabetiker nicht möglich, sagten die Ärzte 1987.

Erst viel später wurde mir klar, dass auch mit dieser Beeinträchtigung Leistungssport möglich ist. Der Olympiasieger im Gewichtheben, Matthias Steiner, zum Beispiel hat auch Diabetes Typ 1. Zu meinem Glück war mein Vater damals Leichtathletiktrainer und trainierte mich, denn im Sport war ich schon immer überdurchschnittlich gut.

Die ersten Jahre mit dem Diabetes waren nicht einfach, da die Möglichkeiten in der ehemaligen DDR eingeschränkt waren. Nach der Wende und mit fortschreitender Wissenschaft wurde es einfacher, mit dem Diabetes zu leben. In den letzten 33 Jahren entstand bei mir die Basis für einen bewussteren Umgang mit der Gesundheit und eine besondere Einstellung zu diesem Thema.

Über die Leichtathletik kam ich 1996 zum Fitnesstraining und zu meiner Leidenschaft, dem Krafttraining. Nach vier Jahren Fitnessstudio-Erfahrung bekam ich vom Chef die Chance, Kunden im Trainingsbereich einzuweisen. Ich nahm diese große Ehre gern an und fühlte mich gut bei dem Gedanken, Menschen auf diese Weise helfen zu können. Es folgte meine Fitnesstrainer-B-Lizenz, und ich arbeitete nebenberuflich mit Gästen im Studio.

Hauptberuflich hatte ich zu diesem Zeitpunkt gar nichts mit Gesundheit zu tun. Ich kreierte in einem Chemiewerk in der Forschungs- und Entwicklungsabteilung Farben für Kunststoffe. Hier lernte ich, wie sich Angestellte in einem Unternehmen fühlten, das nicht auf das Wohlbefinden der Mitarbeiter einging. Ich durfte am eigenen Leib erfahren, wie kräftezehrend und nervenaufreibend es war, wenn nur Leistung zählte und die Gesundheit der Mitarbeiter als Privatsache angesehen wurde.

Hier spürte ich wieder, wie im Fitnessstudio, meinen Wunsch, Menschen zu helfen. Ich wollte sie dabei unterstützen, mehr Leistung zu bringen, indem ich ihnen zuhöre und ihre Bedürfnisse wahrnehme. Denn das war im damaligen Unternehmen nicht der Fall. Mir wurde immer mehr bewusst, wie deutlich ich als Unternehmer meinen Umsatz und meine Wirtschaftlichkeit steigern könnte, wenn die Menschen, die für mich arbeiten, glücklich sind. Wenn sie mein Unternehmen für das beste der Welt halten und sich selbst verantwortlich fühlen für dessen Zukunft. Das waren die ersten Momente, in denen ich meinem Sinn nachspürte, doch darauf gehe ich später noch genauer ein.

2010 absolvierte ich die Zertifizierung zum Personal Trainer und begab mich 2011 in die Selbständigkeit. Endlich verwirklichte ich meinen Traum. Ich war immer schon der Meinung, dass Weiterentwicklung nur dann funktioniert, wenn man die Möglichkeiten dazu hat und nicht gefangen ist in einem Hamsterrad. Meiner Meinung nach ist jeder seines Glückes Schmied, ganz gleich ob als Angestellter oder als Unternehmer.

Zwei Jahre lang war ich als mobiler Personal Trainer unterwegs, trainierte mit meinen Kunden, wann und wo sie wollten. Das war eine sehr lehrreiche Zeit mit vielen unterschiedlichen Menschen. 2013 eröffnete ich meine erste eigene Personal Trainer Lounge, wo ich mit einem kleinen Stab an Personal Unternehmer, Manager, Ärzte und Politiker schulte, die das individuelle Training wertschätzten. 2015 konnten wir sogar erweitern und meinen Kunden noch mehr Möglichkeiten bieten.

Aus den vielen Gesprächen mit Unternehmern erfuhr ich, dass sie gern etwas Gutes für ihre Mitarbeiter tun würden. »Aha!«, dachte ich. »Jetzt werden die Unternehmer wach …« Im ersten Moment waren es vor allem die Unternehmer, die sich auch um ihre eigene Gesundheit kümmerten, die daran Interesse zeigten. So begann ich frühzeitig, in Unternehmen Betriebliches Gesundheitsmanagement oder auch Betriebliche Gesundheitsförderung durchzuführen. Denn dadurch konnte ich viel mehr Menschen auf einen Schlag Unterstützung und Hilfe bieten.

Durchaus interessant ist, wie unterschiedlich die Unternehmen Betriebliche Gesundheitsförderung oder auch Betriebliches Gesundheitsmanagement (BGM) verstehen. Die meisten Firmen sehen darin etwas ganz anderes als ich, als das BGM, wie ich es für zielführend halte. Wieder meldete sich mein innerer Sinnfinder, und ich entschloss mich, mehr für die Unternehmen zu tun. Seit 2017 bin ich über die IHK für das Betriebliche Gesundheitsmanagement zertifiziert und unterstütze ganzheitlich die Unternehmen beim Aufbau eines Betrieblichen Gesundheitsmanagements.

In vielen Firmen stehen Zahlen, Daten, Fakten an erster Stelle und das eigentliche »Warum« kommt viel zu kurz. Ich bemerke immer wieder, dass es bei vielen BGM-Systemen nur zweitrangig um den Menschen geht. Doch aus meiner Erfahrung weiß ich, dass der Mensch nie erst an zweiter Stelle stehen darf, sondern immer an der ersten rangieren sollte. Denn alles steht und fällt mit den Menschen, mit den Mitarbeitern. Einigen Unternehmern ist dies bewusst, doch viele wissen nicht, wie sie bestehende Strukturen verändern und verbessern können.

Durch den Diabetes habe ich meinen Weg gefunden und meine Motivation, Menschen und Unternehmen zu mehr Gesundheit zu verhelfen – und ganz von selbst bin ich Fan dessen, was ich tue, denn es ist das, was ich wirklich tun will. All das, was mir meine Gesundheit gelehrt hat, gebe ich weiter. Vor allem auch, dass es nie nur eine Option gibt und dass Lösungen immer möglich sind, wenn man sie wirklich will.

In diesem Sinne wünsche ich Ihnen erkenntnisreiche Stunden mit diesem Buch und eine gesunde Zukunft für Sie persönlich, für Ihr Unternehmen und für Ihre Mitarbeiter.

Christian Brink

»Geht nicht, gibt's nicht…«

Einstellung von Christian Brink

Gesundheit ist mehr als guter Schlaf, gesunde Ernährung und Bewegung

Was ist eigentlich Gesundheit? Wann haben Sie sich das letzte Mal mit dem Thema Gesundheit befasst? Diese Frage dürfen Sie sich jeden Tag stellen, denn Sie können jeden Tag etwas dafür tun. Jeden Tag, jede Stunde oder jede Minute. Es ist alles eine Frage Ihrer Einstellung zu sich selbst und zu Ihrem Unternehmen. Wenn Ihr Unternehmen krank ist, dann sind Sie es auch, oder?

Haben Sie schon einmal darüber nachgedacht, wer die Entscheidungen trifft, wenn Sie krank im Bett liegen? Wenn es jemanden gibt, kennt er Ihre Werte und Ihre Ziele, damit er auch die *richtigen* Entscheidungen treffen kann? Ja, ich weiß, ein Unternehmer wird nicht krank. Tatsächlich werden wir Unternehmer nicht so schnell krank, weil wir das tun, was wir lieben. Wer eine erfüllende Aufgabe gefunden hat, zieht daraus enorm Energie. Allerdings achten wir durch die Anforderungen im Unternehmen zu wenig auf uns selbst. So kann es durchaus sein, dass es uns mal heftig erwischt. Und dann? Finden Sie den Freiraum, sich aufs Gesundwerden zu konzentrieren? Können Sie sich sicher sein, dass Ihr Unternehmen in Ihrem Sinne weiterläuft? Wenn Sie sich nicht um Ihr eigenes Wohlergehen kümmern, wie wollen Sie dann die Verantwortung für gesunde, leistungsfähige, motivierte Mitarbeiter tragen? Wer sonst sollte sich um das Wohl der Belegschaft kümmern?

Kennen Sie im Flugzeug die Gefahrenanweisung bei Luftdruckabfall, wenn die Sauerstoffmasken aus der Decke kommen? Stets wird gefordert, zuerst selbst die Maske anzulegen und erst dann den anderen zu helfen. Ganz klar: Wenn sie unter Sauerstoffmangel zusammenbrechen, wen können Sie dann noch retten? Übertragen Sie dieses Bild auf Ihre Gesundheit. Nur wenn Sie sich zuerst um Ihre eigene Gesundheit kümmern und selbst voller Energie sind, wird Ihr Unternehmen sein volles Potenzial entfalten können und erfolgreich werden.

Doch wie entsteht eigentlich Gesundheit? Die Weltgesundheitsorganisation (WHO) hat 1986 in der sogenannten Ottawa-Charta die Gesundheit folgendermaßen definiert (Auszug):

> »Gesundheit hat zu tun mit Wohlbefinden, die Umwelt meistern zu können, mit Selbstbestimmung, mit lebenslangem Lernen, sich Weiterentwickeln, eine Persönlichkeit bilden sowie verantwortlichem Verhalten in einer gesunden Gesellschaft und Umgebung.«

Diese Beschreibung trifft den Nagel auf den Kopf. Wenn einer dieser Punkte nicht zutrifft, dann kann uns das krank machen. Interessant und auffällig übrigens, dass die Standards Ernährung und Bewegung in dieser Definition keinen Platz gefunden haben. Gesundheit beginnt auf einer höheren Ebene, in unserem Bewusstsein. Ausreichend Bewegung und gesunde Ernährung sind logische Folgen, wenn wir uns unserer Selbstverantwortung für unseren Körper bewusst sind.

Was unsere Gesundheit beeinflusst:

• Wohlbefinden
• Selbstbestimmung
• Lernfähigkeit, Neugier
• Weiterentwicklung
• Verantwortungsbewusstsein
• leistbare Herausforderungen

Damit Sie eine bessere Vorstellung davon bekommen, was alles unsere Gesundheit beeinflussen kann, will ich Ihnen das Salutogenese-Modell vorstellen:

Dieses Gesundheitsentstehungsmodell stammt von dem Medizinsoziologen Aaron Antonovsky.[1] Dabei geht es nicht darum, ob man gerade an einer Krankheit leidet oder nicht, sondern vielmehr darum, dass sich der Mensch in einer Art kontinuierlichem Gesundheits-Kreislauf, einem Gesundheits-Kontinuum, befindet. In diesem Modell wird schnell klar, welche Schutzfaktoren benötigt werden, um die Gesundheit zu steigern, und welche Risikofaktoren es mit Blick auf die Entstehung von Krankheiten gibt. Das Modell zeigt, ob meine Gesundheit von außen eher unterstützt oder aber bedroht wird. Dabei werden vor allem auch die subjektiven Bewertungen berücksichtigt. Das Wohlbefinden, Misserfolge, Erfolge sowie die mentale Einstellung im Alltag sind Faktoren, die in ständiger Wechselwirkung zueinander stehen. An welcher Position im Kontinuum ich mich befinde, hängt davon ab, welcher Bereich mehr ausgeprägt ist. Dieses Modell wird gern im Betrieblichen Gesundheitsmanagement eingesetzt, um verständlich zu machen, welche Faktoren zu Krankheiten führen können. Bedeutend ist auch das Verständnis dafür, mit welchen Maßnahmen wir unsere Gesundheit fördern können. Jegliches Konzept muss handhabbar und verstehbar sein sowie Sinnhaftigkeit darstellen. All diese Faktoren zusammen bilden den sogenannten Kohärenzsinn.

Der Kohärenzsinn ist die Empfindungsfähigkeit eines Individuums für die stimmige Verbundenheit mit sich selbst bzw. mit dem sozialen Gefüge. Er definiert das Gefühl der Zufriedenheit und Zugehörigkeit. Der Kohärenzsinn entwickelt sich in der Regel bis zum jungen Erwachsenenalter. Die Grundhaltung des Kohärenzgefühls ist ein tiefes Gefühl des Vertrauens. Um diesen wichtigen Grundstein für ein gesundes Leben zu legen, ist es wichtig, bereits sehr früh ganzheitlich die Gesundheit des Individuums zu thematisieren. Leider wird dies in vielen Schulen und Familien noch nicht vollständig beherzigt und oft weiterhin auf Ernährung und Bewegung reduziert.

---

1 Quelle: https://flexikon.doccheck.com/de/Kohärenzsinn

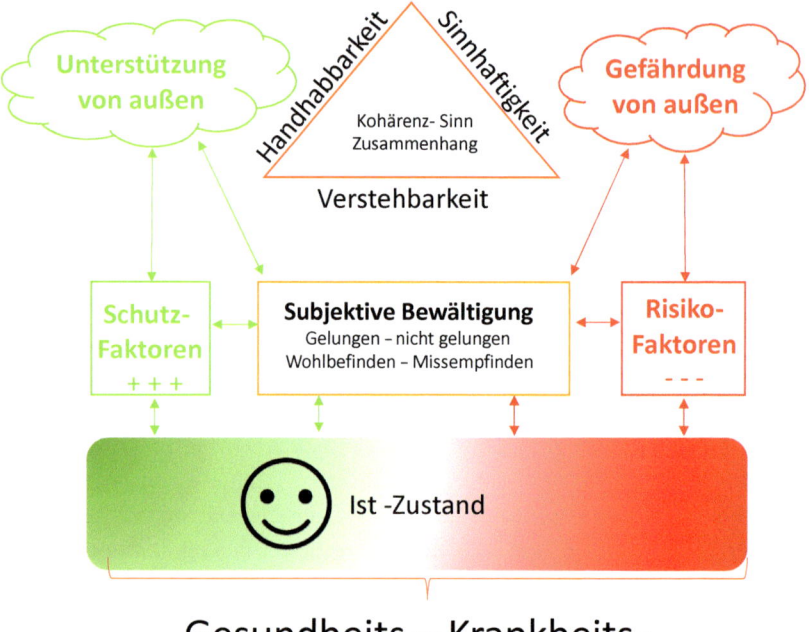

Gesundheits – Krankheits- Kontinuum

Salutogenese-Modell (nach Aaron Antonovsky 1979)

Theorien, Modelle und Definitionen klingen immer sehr fachlich. Sie müssen berechenbar, nachweisbar und möglichst standardisiert sein, damit Vergleiche möglich sind und Normen festgelegt werden können. Wenn Unternehmen sich nur auf Zahlen, Daten und Fakten stürzen, lassen sie bei all der wissenschaftlichen Betrachtung das Wichtigste schnell außen vor: die Mitarbeiter, das Individuum. Es können noch so schlüssige Daten, Fakten und Zahlen genannt und Modelle entwickelt werden. Nur wenn die Mitarbeiter die Maßnahmen verstehen, ihre Sinnhaftigkeit für sich persönlich erkennen und auch umsetzen können, werden sich Erfolge einstellen. Auch wenn wir Hilfe von außen bieten und die Umsetzung klar ist, so ist es immer noch eine Herausforderung, jeden einzelnen Mitarbeiter mit seinen individuellen Bedürfnissen zu erreichen. Der wichtigste Schlüssel dafür ist das Zuhören. Was möchte mein Mitarbeiter, welche Ziele hat er, welche Bedenken oder auch Probleme und Schwierigkeiten außerhalb der Arbeit beeinflussen seine Leistungsfähigkeit? In der heutigen schnelllebigen, multimedialen Zeit ist die mentale Gesundheit ein wesentlicher Faktor. Ein Bereich, der sich nicht auf Arbeitszeit und Arbeitsumfeld beschränken lässt, sondern von allen Lebensbereichen des Mitarbeiters beeinflusst wird. Anhand von Auswertungen und Gesundheitsberichten der Krankenkassen wird deutlich, dass die psychische Belastung immer mehr steigt, auch wenn uns nach wie vor die Muskel-Skelett-Erkrankungen die höchsten Ausfallzeiten bescheren.

Was die Gesundheitsberichte wunderbar verdeutlichen, sind die verschiedenen Bereiche, in denen hohe Ausfallquoten zu verzeichnen sind. Psychische Störungen und Probleme mit dem Muskel-Skelett-System sind nach wie vor Spitzenreiter. Daraus können Sie als Arbeitgeber geeignete Maßnahmen für Ihre Mitarbeiter ableiten. Zahlen, Daten und Fakten dabei zugrunde zu legen ist schon der richtige Weg, um überhaupt erst einmal eine Richtung zu finden. Wichtig ist, dass Sie als Arbeitgeber voll hinter Ihrem Plan stehen,

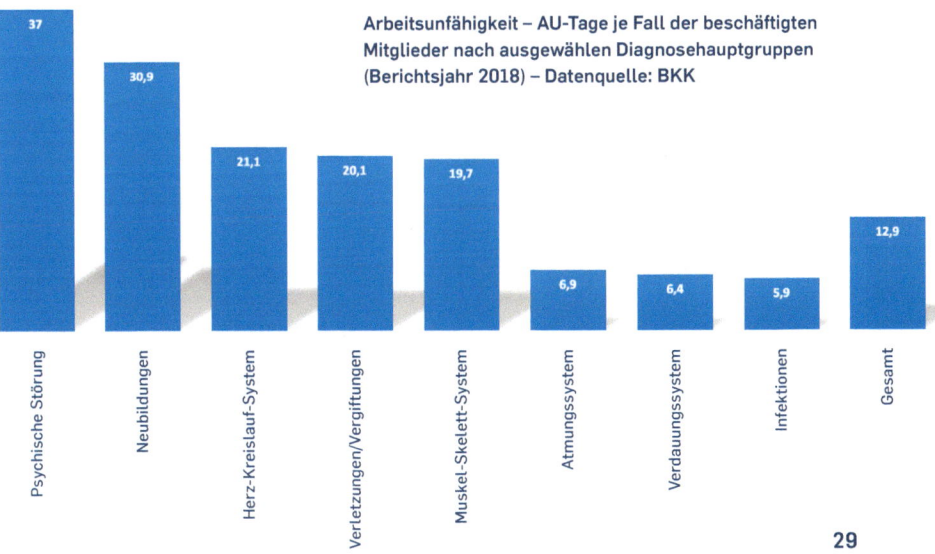

Arbeitsunfähigkeit – AU-Tage je Fall der beschäftigten Mitglieder nach ausgewählten Diagnosehauptgruppen (Berichtsjahr 2018) – Datenquelle: BKK

37 Psychische Störung
30,9 Neubildungen
21,1 Herz-Kreislauf-System
20,1 Verletzungen/Vergiftungen
19,7 Muskel-Skelett-System
6,9 Atmungssystem
6,4 Verdauungssystem
5,9 Infektionen
12,9 Gesamt

29

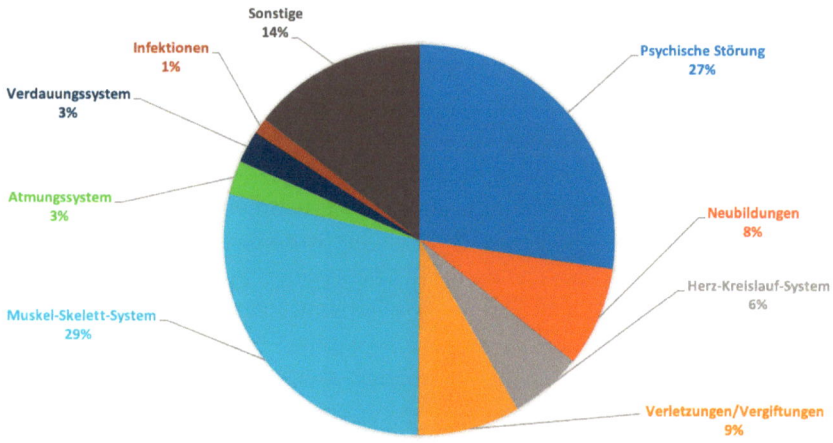

Arbeitsunfähigkeit – KG-Tage der beschäftigten Mitglieder – Verteilung der wichtigsten Diagnosehauptgruppen (Berichtsjahr 2018) – KG-Tage je 100 beschäftigte Mitglieder bzw. Anteile in Prozent) – Datenquelle: BKK

etwas für die Gesundheit Ihrer Mitarbeiter zu tun. Doch »etwas« ist meistens zu wenig oder wenig zielführend. Sie müssen das Richtige finden, um Ihren Mitarbeitern echte Hilfestellung zu bieten. Wie geht das? Fragen Sie Ihr Team! Fragen Sie nach, was Ihre Mitarbeiter brauchen und in welchem Rahmen sie gewisse Gesundheitsmaßnahmen auch annehmen würden. Das Anti-Stress-Seminar oder die Rückenschule nach Feierabend und am Wochenende sind eher selten die hilfreichen Maßnahmen. Besser sind kleine Bausteine, die in den Arbeitsalltag integriert werden können. Power-Fitness in der Mittagspause, gesunde Snacks etc.

Damit die Mitarbeiter zu einem Fan Ihres Unternehmens werden, müssen Sie als Unternehmer, als Geschäftsführer oder auch als Manager dafür sorgen, dass es den Menschen in Ihrem Betrieb auch gesundheitlich gut geht. Eine Menge Faktoren spielen eine Rolle, die wir beeinflussen können, um das Arbeiten für die Mitarbeiter so angenehm und so gesund wie möglich zu gestalten. Doch häufig übersehen wir diese im Arbeitsalltag. Für uns als Unternehmer ist es die Aufgabe, die Arbeitsverhältnisse gesundheitlich anzupassen. Mit den richtigen Maßnahmen und der ehrlichen Annahme unserer Verantwortung für unsere Mitarbeiter können wir das Verhalten unseres Teams in gesündere Bahnen lenken.

Regelmäßige Bewegung, ausgewogene, ausreichende, energiebringende Ernährung ohne Verzicht sowie Auszeiten im Alltag gehören für ein erfolgreiches, gesundes Unternehmen natürlich dazu. Arbeit sollte auch immer einen gewissen Stresspegel mit sich bringen – alles andere wäre ja langweilig: Sie können etwa dafür sorgen, dass Sie selbst und Ihre Mitarbeiter stressresistenter werden und mit anspruchsvollen Situationen auch entspannter umgehen können.

Gerade bei gesundem Umgang mit Stress kann bereits ein gutes Schlafverhalten helfen, um entspannter in den Tag zu starten. Eine Schlafstudie in den USA mit mehr als einer Million Teilnehmern über sechs Jahre hat gezeigt, dass die perfekte Schlafdauer sieben Stunden beträgt. Laut Dr. Kripke, der diese Studie begleitete, konnten bei den Menschen mit sieben Stunden Schlaf verbesserte kognitive Fähigkeiten, besseres Lernen, besseres Sehen, bessere Orientierung und sogar bessere Kreativität nachgewiesen werden. Im Umkehrschluss heißt das, dass ich so auch meinen Stresspegel senken kann.[2]

Geht es Ihnen auch so, dass Sie sich selbst stressen, um fit zu bleiben? Früher aufstehen, um bereits vor Arbeitsbeginn die erste Runde zu laufen, oder nach dem Job zum nächsten Spinning-Kurs ins Fitnesscenter spurten. Klar, das machen andere schließlich auch, und stets und ständig hören wir, dass wir uns um unsere Fitness kümmern müssen. Doch beachten Sie dabei auch Ihren aktuellen Fitnesszustand? Manchmal kommen wir nicht so zum Trainieren, wie es uns lieb wäre. Wenn wir dann am Jahresbeginn untrainiert und übereifrig durchstarten, holt uns schnell die Demotivation ein. Zu hoch gesteckte Ziele, ganz gleich, ob im Job oder im Fitnessbereich, sorgen häufig dafür, dass wir ruckzuck wieder aufgeben. Statt mehr Bewegung erschaffen wir uns mehr Frust.

---

2 Quelle: https://somnishop.com/schlaf-die-optimale-schlafdauer/

Setzen Sie sich wie in Ihrem Unternehmen auch für Ihre Fitness erreichbare, smarte Ziele. Als Unternehmer können Sie nicht von jetzt auf gleich die großen Umsatzsteigerungen einfahren. Das bedarf Planung, Strategie und kontinuierlicher Entwicklung. Daher setzen Sie sich auch erst einmal kleine Ziele für Ihre Gesundheit. Jede Minute, die Sie sich mehr bewegen, jeder zusätzlich getane Schritt hilft bereits. So kommen Sie nicht in die Lage, dass schnell die Luft raus ist und Sie keinen Bock mehr haben. In meiner Zeit als Personal Trainer habe ich gelernt, dass viele Geschäftsführer und Führungskräfte der Meinung sind, sie müssten in sehr kurzer Zeit sehr viel erreichen.

Dieser Gedanke ist meist zum Scheitern verurteilt, und im schlimmsten Fall führt dieser übertriebene Ehrgeiz sogar zu Verletzungen. Hier gilt es also tägliche Bewegung in dem Maße einzubauen, wie es mein aktueller Fitnesszustand zulässt. Am Anfang reicht auch ein Spaziergang in der Mittagspause. Mit der Zeit wird daraus vielleicht die Joggingrunde nach Feierabend. Wenn Sie nicht der Läufer sind und ein Fitnesscenter bevorzugen, dann empfehle ich einen Personal Trainer. Finden Sie eine qualifizierte Person, die Ihnen Unterstützung bietet und Ihnen hilft, die selbst gesteckten Ziele auch wirklich zu erreichen. Personal Trainer arbeiten genau wie Sie professionell und leidenschaftlich. Durch das individuelle Training und die Motivation kommen Sie so schneller ans Ziel, als wenn Sie in einem Fitnesscenter allein unterwegs wären. Aber auch ohne persönlichen Trainer können Sie Ihre Ziele erreichen. Beherzigen Sie nur die Regel der kleinen Schritte, damit Sie dranbleiben und erfolgreich werden.

Die beschriebene Vorgehensweise gilt natürlich auch für die Ernährung. Wenn Sie sich vornehmen, die Ernährung anzupassen oder gesünder zu essen, holen Sie sich professionelle Hilfe. Denn was ist eigentlich gesundes Essen? Und wo findet man einfache und schnelle Möglichkeiten zwischen Imbissbude und Fast-Food-Kette, um sich im Arbeitsalltag gesund zu ernähren? Ernährungsberater oder Ökotrophologen können Ihnen dabei helfen. Wenn Sie bereits Erfahrung mit gesunder Ernährung haben, Ihre Wünsche dazu jedoch nie richtig umsetzen konnten, dann gilt natürlich auch hier: Machen Sie kleine Schritte. Es nützt nichts, wenn Sie von jetzt auf gleich komplett auf eine Diät umsteigen und versuchen, sich ab sofort nur noch gesund zu ernähren. Hier gilt es, erst einmal seinen Weg zu finden, sich zu informieren und die alltagstauglichen Möglichkeiten zu finden. Daher ein Tipp aus meiner Erfahrung: Suchen Sie sich einen Tag in der Woche aus, an dem Sie sich nur gesund ernähren. An dem Sie beispielsweise auf Zucker, Koffein und Alkohol verzichten. Oder Sie legen einen reinen Obsttag ein. Wenn Sie an diesem Tag ein gutes Gefühl haben und sich wohlfühlen mit dem, was Sie gegessen haben, dann ist das der erste Schritt zum Erfolg. Steigern Sie Ihre gesunden Phasen auf einen zweiten Tag in der Woche. So können sie peu à peu Ihr Essverhalten verbessern.

Sie werden schnell merken, dass es nicht immer möglich ist, im Business-Alltag gesund zu essen. Das ist überhaupt nicht schlimm. Wichtig für Sie ist es, dass Sie sich auch bei der Ernährung nicht unter zusätzlichen Stress setzen. Wenn die Ernährung an einem Tag mal nicht optimal ist oder, auf gut Deutsch, es nur Fast Food gibt, dann ist das halt so. Die Summe macht's. Wenn solche ernährungstechnischen Nullnummern in der Woche recht selten vorkommen und Sie sich an den anderen Tagen gut ernähren, dann brauchen Sie sich keinen Kopf zu machen.

Wie Sie in diesen Zeilen spüren, ist mir rund um das Thema Gesundheit besonders die Eigenverantwortung wichtig. Wenn Sie sich nicht um sich selbst kümmern und für Ihre eigene Leistungsfähigkeit sorgen, wer soll dann Ihr Geschäft im Falle eines Falles leiten und Entscheidungen treffen? Sie tragen Verantwortung für Ihr Unternehmen und für Ihre Mitarbeiter. Stellen Sie sich selbst daher möglichst ganz nach vorn, damit Sie Ihrer Verantwortung anderen gegenüber überhaupt gerecht werden können. Nutzen Sie dies auch, um als gutes Vorbild voranzugehen. Gesundheit ist Führungssache, ganz klar! Wenn Sie ausgeglichen sind und sich wohlfühlen, dann sind Sie stressresistenter und werden zum erfolgreicheren Unternehmer oder Chef. Auch diese Klarheit, diese Vorbildfunktion ist ein Schritt, um Ihre Mitarbeiter zu Fans zu machen.

Wann ist Gesundheit Chefsache?

Wann wird eigentlich die Gesundheit zur Chefsache? Immer erst dann, wenn die Mitarbeiter krank sind oder wenn der Chef selbst erkrankt? Nur gesunde Mitarbeiter sind erfolgreich im Unternehmen tätig – also machen Sie die Gesundheit in Ihrem Unternehmen zur Chefsache! Mir geht es da nicht nur um die Reduzierung von Krankheitstagen im Unternehmen. Die Einstellung vom Chef, vom Unternehmer oder vom Vorgesetzten zu diesem Thema beeinflusst maßgeblich den langfristigen Erfolg im Unternehmen.

Keilerrun 2015

Gesundheit als Chefsache bedeutet auch: Fangen Sie bei sich selbst an! Haben Sie sich beispielsweise schon mal einen Termin *für sich selbst* in Ihren Kalender eingetragen? Blocken Sie sich Zeit in Ihrem Namen? Warum ich das frage? Sie als Unternehmer sind genauso wichtig wie der wichtigste Termin in Ihrem Kalender. Sie brauchen Zeit für strategische Überlegungen und für visionäres Denken. Sie brauchen Phasen, in denen Sie zur Ruhe kommen können, um Ihren Fokus wieder neu auszurichten. Wenn Sie nur am Feuerlöschen sind, wird sich Ihr Unternehmen kaum weiterentwickeln. Denn was passiert, wenn Sie nicht zu dem wichtigsten Termin für Ihr Unternehmen gehen können? In vielen Unternehmen gibt es keinen Vertreter, der die Entscheidungen im Sinne des Chefs treffen würde. Wenn Chef, Unternehmer oder Vorgesetzte ausfallen, stehen dem Unternehmen häufig turbulente Zeiten bevor. Daher ist es wichtig, dass Sie Ihre eigene Arbeitskraft auch wertschätzen und für Ihre Leistungsfähigkeit sorgen.

Gesundheit ist Chefsache! Das ist eine Aussage, die für mich voll ins Schwarze trifft. Und zwar in mehrerlei Hinsicht. Sowohl mit dem Blick auf die persönliche Gesundheit des Chefs als auch auf die Verantwortung für die Mitarbeiter und das Unternehmen.

Das Thema Gesundheit definiert jeder für sich ganz individuell. Für mich ist ganz klar: Gesundheit ist Führungssache. Nur wer mit sich selbst im Einklang ist und auch seinen Körper als wichtiges Instrument sieht, der wird auch ein gesundes Unternehmen aufbauen und führen können. Und zwar mit allen Konsequenzen. Denn wer sich mit Gesundheit auseinandersetzt und diese als Führungssache annimmt, weiß, dass das eigene Wohl ein wesentlicher Beitrag zum Gesamterfolg ist. Motivierte, leistungsfähige, gutgelaunte Vorgesetzte, Unternehmer oder Teamkollegen strahlen auf ihr Umfeld ab. Auch das sorgt für ein gesundes Unternehmen.

Abgesehen von der Motivation von innen heraus gibt es auch ganz praktische Wege, gezielt die Gesundheit in Ihrem Unternehmen zu verbessern und zu erhalten. Das Betriebliche Gesundheitsmanagement (BGM) ist in aller Munde und gilt als wichtige Maßnahme für nachhaltigen Erfolg. Doch wenn ich mit Unternehmern über das BGM rede, kommt als allererstes die Frage: »Was kostet mich das?« Viel wichtiger ist doch eigentlich die Frage: »Was bringt mir das?« Denn BGM ist eine Investition für eine langfristige leistungsfähigere Ausrichtung des Unternehmens. Jedem Unternehmer wird bewusst sein, dass sich nicht sofort die gewünschten Effekte einstellen, nur weil im Unternehmen ein BGM integriert wurde. Veränderungen brauchen immer Zeit, insbesondere wenn sie alte Gewohnheiten ablösen sollen. Der Implementierungsprozess für ein BGM oder für jegliche gesundheitsfördernde Maßnahmen im Unternehmen ist meistens schwierig. Die Akzeptanz der Mitarbeiter zu bekommen ist eine wichtige Aufgabe. Diese erlangen Sie vor allem, wenn Sie Ihre Maßnahmen ganz gezielt und bewusst auf die Bedürfnisse und Möglichkeiten Ihrer Mitarbeiter ausrichten.

Mit einer professionellen Hilfestellung von außen können Sie die wirklich geeigneten Maßnahmen identifizieren und in Ihrem Unternehmen ein effizientes BGM einbringen. Durch die Unterstützung werden Sie und Ihr Unternehmen entlastet, denn niemand muss sich jetzt zusätzlich mit BGM als Projekt beschäftigen. Eine neutrale Beratung von außen sorgt zudem für mehr Akzeptanz in der Belegschaft. Durch die Einbindung der Mitarbeiter bei der Entwicklung des BGM bekommen Sie genau das, was letztendlich auch Erfolg verspricht. Gemeinsam mit den Experten treffen Sie die Entscheidungen rund um dieses Thema. Ein Betrieblicher Gesundheitsmanager hat einen anderen Blick für das Ganze, kann bestehende Strukturen außen vor lassen und sich rein dem widmen, was für Ihr Unternehmen sinnvoll ist. Damit die Gesundheitsmaßnahmen auch Akzeptanz finden, sollten Sie diese den Mitarbeitern nie wie aus einem Zauberhut einfach vorlegen. Binden Sie stattdessen Ihre Mitarbeiter in den Prozess ein und sprechen Sie mit ihnen, um genau die richtigen Maßnahmen für sie auszuwählen.

Stellen Sie sich folgende Situation vor:

- Sie sind begeistert von dem Spaß, der Bewegung, der Freude und Motivation, die ein Zumba-Kurs bei Ihnen auslöst. Das möchten Sie auch Ihren Mitarbeitern zuteilwerden lassen, und so organisieren Sie in Ihrem Unternehmen einen Zumba-Kurs. Doch keiner Ihrer Mitarbeiter nimmt dieses Angebot an. Warum nicht? Weil Sie Ihre Vorlieben auf Ihre Kollegen übertragen, ohne diese zu fragen. Ihre Mitarbeiter sind vielleicht überwiegend jenseits der 50 oder gehören der ganz jungen Generation an. Und beide Altersgruppen haben womöglich keine Lust auf einen Zumba-Kurs.
- Sie wollen Ihren Mitarbeitern etwas Gutes tun und stellen ihnen einen Obstkorb in die Schlosserei. Doch die überwiegend männlichen Mitarbeiter, die stark körperlich beansprucht werden, lassen sich für Obst oder Gemüse nicht begeistern. Es ist die Currywurst-Fraktion, die Sie da bekehren wollen. Auch das wäre nicht ganz so optimal.

Sie merken schon: Es müssen nicht nur die richtigen Maßnahmen gewählt werden, sondern diese Auswahl muss auch strukturiert stattfinden, um das passende BGM für die individuellen Bedürfnisse

Ihrer Mitarbeiter zu entwickeln. In solchen Fällen hilft meistens eine Mitarbeiterbefragung vorab, dahingehend, was die Mitarbeiter für ihre Gesundheit tun möchten und wie sie zum Thema Gesundheit stehen. Wenn Sie das wissen, dann können Sie mit Unterstützung des Gesundheitsmanagers gezielt weiterplanen.

Wie baue ich ein gutes Betriebliches Gesundheitsmanagement auf

Die Abkürzung BGM für Betriebliches Gesundheitsmanagement könnte man eigentlich auch auflösen mit: »Bald Gesunde Mitarbeiter«. Hinter dem sperrigen Begriff BGM oder auch BGF, Betriebliche Gesundheitsförderung, verbergen sich echte Chancen für mehr Unternehmenserfolg. Denn schon mit einer Bedarfsanalyse und mit der Umsetzung der ersten Maßnahmen zeigen Sie Ihren Mitarbeitern, dass sie Ihnen wichtig sind. Schon einzelne Maßnahmen zur Betrieblichen Gesundheitsförderung werden steuerlich unterstützt.

An dieser Stelle ist eine Abgrenzung solcher Maßnahmen zu BGM sinnvoll: Ziel des BGM ist es, die Arbeitswelt möglichst gesundheitsfördernd zu gestalten. Dazu gehören sowohl Ausstattung des Arbeitsplatzes als auch flexible Arbeitszeitmodelle, Stressprävention, Ernährungsberatung, Bewegungsprogramme und Gesundheitsschulungen Ihrer Mitarbeiter. Sorgen Sie dafür, dass es Ihren Mitarbeitern gut geht, dann werden diese auch gern Leistung erbringen.

Wenn Sie sich jetzt fragen »Was hat mein Unternehmen davon?«, kann ich Ihnen ganz klare Vorteile aufzeigen. Nachweislich führt ein BGM zu geringerem Krankenstand und zu höherer Produktivität. Zusätzlich verbessert sich das Betriebsklima, Ihre Mitarbeiter identifizieren sich mehr mit Ihrem Unternehmen, ihre Lebensqualität verbessert sich und ihre Zufriedenheit steigt. Im Zuge des Employer Brandings steigern Sie Ihr Image als Arbeitgeber.

Und das ist längst nicht nur was für die Großen. BGM lohnt sich immer! Selbst als kleines Unternehmen können Sie etwas tun, um Ihren Mitarbeitern gesundes Arbeiten zu ermöglichen. Sie können mit überschaubaren Maßnahmen das Wohlbefinden in Ihrem Team steigern und so auch für Ihr Unternehmen mehr Leistungsfähigkeit erschaffen. Gerade für kleine Unternehmen, in denen viel Arbeit auf wenigen Schultern verteilt wird, lassen sich beispielsweise durch Stressprävention Überlastungen vorbeugen. BGM ist skalierbar. Passend zu Ihrem Unternehmen, den Anforderungen an Ihre Mitarbeiter und deren Bedürfnissen lassen sich praxisorientierte Maßnahmen ableiten. Beginnend mit Team-Workshops zu gesunder Ernährung oder Stressbewältigung bis hin zu regelmäßigen Fitnessangeboten ist alles denkbar.

Das BGM ist eine Investition in den Erfolg Ihres Unternehmens und ein Teilschritt auf dem Weg, Ihre Mitarbeiter zu Ihren Fans zu machen. Dabei können Sie als Unternehmen auf Unterstützung der Krankenkassen zurückgreifen. Die Krankenkassen beteiligen sich an der Gesunderhaltung Ihrer Mitarbeiter. So werden Primärpräventionsmaßnahmen aus den Bereichen Herz-Kreislauf, Muskel-Skelett-System, Ernährung und Stress subventioniert (§ 20a SGB V). Die finanziellen Aufwendungen für BGM und BGF können zudem als Betriebsausgaben geltend gemacht werden. Auf diese Weise können Sie Gutes für Ihre Mitarbeiter tun, ohne die vollen Kosten selbst zu tragen.

Doch wie alle in diesem Buch beschriebenen Maßnahmen: BGM ist nur erfolgreich, wenn Sie es auch konsequent durchziehen. Und vor allem brauchen Sie einen Mitarbeiter, der das BGM im Betrieb voller Überzeugung umsetzt, sofern Sie dies nicht selbst tun. Je nach Betriebsgröße und Umfang der gesundheitsfördernden Maßnahmen sind in der Regel die Mitarbeiter der Personalabteilung für die Umsetzung des BGMs zuständig. Koordination von Terminen, Veranstaltungsorganisation und die finanzielle Abwicklung können auch auf mehrere Teammitglieder aufgeteilt werden. Einige Unternehmen haben sogar eine eigene Abteilung nur für dieses Thema. Ein guter Freund von mir arbeitet bei BMW im Gesundheitsmanagement. Er berichtete mir, wie sehr das Unternehmen daran interessiert ist, seine Mitarbeiter zu unterstützen und in puncto Gesundheit zu motivieren. Wenn Sie keine personellen Ressourcen verfügbar haben und sich keinen Gesundheitsmanager leisten können, dann gibt es externe Anbieter, die für Sie das BGM im Betrieb umsetzen.

Das 8-Phasen-Modell für mehr Gesundheit im Unternehmen

Für die Gesundheit Ihrer Mitarbeiter ist eine gründliche Planung wichtig. So unterschiedlich die Unternehmen sind, so unterschiedlich sind auch die Menschen. Daher machen Sie kein BGM-Konzept »von der Stange«! Das wäre verschenktes Geld, denn Ihre Mitarbeiter würden vermutlich die wenigsten Gesundheitsleistungen in Anspruch nehmen. Hier ist meine BGM-System-Empfehlung an Sie: Setzen Sie das 8-Phasen-Modell ein, um Ihr BGM zu erarbeiten!

Phase 1: Strukturbildung und Bedarfsbestimmung

Bevor Sie starten, ist es wichtig zu wissen, wo Sie stehen. Heißt: Was haben Sie in der Vergangenheit bereits an Maßnahmen für Ihre Mitarbeiter gemacht? Gibt es vielleicht schon einen Verantwortlichen dafür? Wenn ja, wer ist es? Wurden die Mitarbeiter evtl. schon einmal befragt und gibt es dazu Aufzeichnungen? Aufgabenverteilung, Kompetenzvergabe und Kommunikationsabläufe sind wichtige Strukturen für die Zusammenarbeit. Je nach Unternehmensgröße können Sie einen Gesundheitszirkel bilden, der zusammen mit Ihrem Gesundheitsmanager stets die Maßnahmen im Blick behält und Veränderungen im Unternehmen in das Konzept einfließen lässt. Auch der

Phase 1
Phase 2
Phase 3
Phase 4
Phase 5
Phase 6
Phase 7
Phase 8

Das 8-Phasen-Modell von Christian Brink

Punkt Budget für das kommende Jahr wird in dieser Phase festgelegt. Auf den letzten Seiten des Buches finden Sie eine Analyse-Checkliste, anhand derer Sie für sich klären können, welche Maßnahmen Sie bereits umgesetzt haben und welche nicht.

Phase 2: Analyse der Unternehmenssituation

In dieser Phase werden die Mitarbeiter befragt. Egal mit welchem System oder mit welchen Befragungsbögen: Alles darf in die Planung für kommende Maßnahmen einfließen. Belastungsschwerpunkte, Risiko- und Schutzfaktoren, Ausfallzeiten durch Krankheit und weitere betriebsinterne Anforderungen werden im Rahmen einer Analyse der betrieblichen Ist-Situation zusammengefasst. Sie dient als Basis für die Entwicklung Ihres individuellen BGM-Konzepts und die Auswahl geeigneter gesundheitsfördernder Maßnahmen und Programme.

Phase 3: Intervention (Maßnahmen-Planung)

Aus der vorangegangenen Analyse kann ich nun Maßnahmen mit dem BGM-Team oder Gesundheitszirkel planen. Sinnvollerweise planen Sie erst in kleinen Etappen, um zu testen, welche Maßnahmen für Ihre Mitarbeiter die richtigen sind. Wenn Sie die richtigen Maßnahmen gefunden haben, dann können Sie eine Jahresplanung vornehmen. In dieser Jahresplanung werden die passenden gesundheitsfördernden Maßnahmen, wie beispielsweise Ernährungs- und Bewegungskurse oder Präventionsworkshops, für Ihr Team und Ihr Unternehmen zusammengestellt.

Phase 4:
Marketing (intern)/Kommunikation im Unternehmen

Die vierte Phase ist eine der wichtigsten. Denn nur wenn Ihre Mitarbeiter mitmachen, haben diese Konzepte auch Erfolg. Daher werden in dieser Phase die geplanten Maßnahmen und Möglichkeiten innerhalb des Unternehmens aktiv auf allen möglichen Kanälen kommuniziert und beworben. In internen E-Mails, auf der Lohnabrechnung, im Intranet, auf Werbetafeln und, und, und.

Phase 5: Durchführung der Maßnahmen

Zusammen mit den Mitarbeitern werden die Maßnahmen aus dem Jahresplan termingerecht umgesetzt und durchgeführt. Wichtig hierbei ist die organisatorische Abwicklung der Maßnahmen in Ihrem Unternehmen. Hierbei kann Ihnen auch der externe Gesundheitsmanager als Organisator zur Seite stehen. Diese Phase sollte auch die meiste Zeit in Anspruch nehmen.

Phase 6: Erfolgsbewertung und Wirksamkeit

Die Erfolgskontrolle bzgl. der ausgewählten Maßnahmen ist wichtig. Wurden die gewünschten Ziele erreicht? Waren genügend Teilnehmer dabei? Treffen die Maßnahmen auf Akzeptanz im Team? Anhand der Ergebnisse können Sie ggf. nachjustieren und optimieren, um Ihr BGM noch erfolgreicher zu machen.

Phase 7: Implementierung im Unternehmen

Um nachhaltig für mehr Gesundheit in Ihrem Unternehmen zu sorgen, sollte sich das BGM zur Führungsaufgabe entwickeln. Wenn sich Ihr Unternehmen als gesundheitsbewusster Arbeitgeber positioniert, steigert das seine Attraktivität. Die dauerhafte Implementierung der BGF-Maßnahmen in Ihrem Unternehmen ist ein wichtiger Schritt, um Ihre Mitarbeiter zu Fans zu machen.

Phase 8: Überprüfung und Anpassung

Wenn Maßnahmen im Unternehmen implementiert wurden, müssen sie natürlich regelmäßig geprüft und ggf. angepasst werden. Daher ist es wichtig, alle Phasen zu überprüfen, sobald sie durchlaufen sind. So wird der BGM-Kreislauf vollständig für Ihr Unternehmen und damit auch erfolgreich.

Einige der acht Phasen können natürlich auch parallel ablaufen. So können bereits geplante Maßnahmen stattfinden, während neue geplant oder vorhergehende ausgewertet werden. Diese Prozesse sollte der interne oder externe Gesundheitsmanager im Unternehmen planen.

Verschollen im Führungs-Wirrwarr

Was verstehen Sie eigentlich unter Führungskraft? Was macht Sie als Vorgesetzten aus? Und wo haben Sie gelernt, zu führen? Das Führungs-Wirrwarr ist groß. Und zu viele Methoden führen eher zum Scheitern als zum Erfolg.

Auch ich war zu Beginn meiner Selbständigkeit verschollen im Führungs-Wirrwarr. Ich hatte keine Ahnung von Führung und stellte trotzdem Mitarbeiter ein. Meine Vergangenheit hatte mich so geprägt, dass ich recht autoritär führte. Ich bin der Chef, und es wird gemacht, was ich sage. Ich hatte es nie anders gelernt, hatte nie Vorbilder, die mir zeigten, es würde auch anders gehen. Glücklicherweise sind wir nie zu alt zum Lernen. Heute ist mir bewusst, dass ich durch anderes Verhalten meinen Mitarbeitern gegenüber mir und ihnen viel Stress hätte ersparen können. Dabei will ich gar nicht erst daran denken, welches Potenzial ich durch meine Art verschenkt habe. Einer meiner größten Fehler im Umgang mit Mitarbeitern war es, den Menschen nicht zuzuhören. So hatten sie keine Chance, ihre Ideen für Verbesserung einzubringen, sie gingen einfach unter. Ich hatte immer ein gutes Team, doch hätte ich besser auf meine Mitarbeiter gehört, hätte ich noch viel mehr erreichen können. Mit dem heutigen Wissen gehe ich an Mitarbeiterführung ganz anders heran. Mein Beispiel ist kein Einzelfall. Diese Art der Mitarbeiterführung war noch bis vor wenigen Jahren üblich und ist es in vielen Betrieben auch heute noch.

In vielen Unternehmen bin ich Führungskräften begegnet, die mit ihren Aufgaben hoffnungslos überfordert waren. Die einen versuchen, immer der gute Freund zu sein, und vertagen längst überfällige, klare Gespräche, bis eine Katastrophe eintritt. Andere lassen ihrem Stress freien Lauf und brüllen auch mal, wenn es nicht zu ihrer Zufriedenheit läuft. Die nächsten geben sich als Teamplayer, indem sie Entscheidungen ihren Mitarbeitern überlassen. Dass dies ausbremst und nur selten zum Unternehmenserfolg beiträgt, ist ihnen gar nicht bewusst. Wie auch, wenn es ihnen keiner sagt?

Die wenigsten Führungskräfte, denen ich begegnet bin, sind ihrer Berufung gefolgt, um diese Position auszufüllen. Viele rutschten einfach in eine Führungsposition hinein. Es ergibt sich so, und schwuppdiwupp ist man Teamleiter, Fachbereichsleiter oder gar Chef und hat mehrere Menschen *unter sich*. Diese gängige Formulierung weist schon auf ein großes Problem in vielen Unternehmen hin: Hierarchie. Wenn Führungskräfte glauben, sie hätten die Mitarbeiter »unter sich«, dann lässt das nicht auf eine Zusammenarbeit auf Augenhöhe schließen.

Führung bedeutet, Orientierung und Sicherheit zu bieten. Leiten, lenken, steuern, vorangehen, lotsen oder auch anfeuern sind einige Synonyme, die sich zu »führen« finden lassen. Anbrüllen, klein halten, manipulieren, bewerten, drängen, aufzwingen, befehligen oder bevormunden gehören für mich nicht dazu. Doch nur in den seltensten Fällen bekommen wir wirklich erklärt, wie wir uns selbst und andere wertschätzend und gewinnbringend führen. Weder in der Schule noch im Studium wird empathische Führung gelehrt. Mittlerweile gibt es einige Ansätze und Initiativen, das Entrepreneurship, das Unternehmertum an sich, stärker in den Fokus zu rücken. Dort geht es auch darum, echte weiche Faktoren zu etablieren und Menschen sinnvoll auf ihre Führungsrolle vorzubereiten. Doch der heutige Standard zumindest in deutschen Unternehmen sieht anders aus.

Die Wissenschaft definiert zahlreiche unterschiedliche Führungsstile. Autokratische, patriarchalische, charismatische, bürokratische, autoritäre, hierarchische, demokratische, kooperative Führung oder auch den Laissez-faire-Führungsstil (siehe dazu die Aufstellung im Anhang). Typ- und erfahrungsbedingt liegt uns die eine oder andere Methode mehr. Doch auch unsere Mitarbeiter sind Individuen, haben unterschiedliche Bedürfnisse und müssen auf unterschiedliche Weise geführt werden. Ein Dilemma, denn es wird nie für alle und jeden den einen passenden Führungsstil geben. Der Wirrwarr breitet sich aus.

Doch noch mal zurück zur Unternehmensführung, wie sie heute in vielen Betrieben noch praktiziert wird. Wie haben Sie beispielsweise Ihre Team- oder Projektleiter ausgewählt? Welche Qualitäten waren gefragt? Oder, wenn Sie selbst Führungskraft sind, mit welchen Stärken haben Sie überzeugt, um diese Position einzunehmen? Häufig sind es die Zahlen, die entscheiden. Erfolgreiche Projekte, Wachstumsraten und Einsparungen sind die harten Fakten, die oberflächlich zeigen, ob die Frau oder der Mann was drauf hat. Doch nur weil sie einen guten Job machen, heißt es noch lange nicht, dass sie auch gute Führungspersönlichkeiten wären. Immerhin wurde hier schon mal nach Kriterien ausgewählt, die einen Maßstab darstellen können. Oftmals ist die Einberufung in eine Führungsebene allerdings auch eine Verlegenheitstat, wenn sich nämlich niemand freiwillig gefunden hat, die Aufgabe zu übernehmen. Denn viele assoziieren Führungspositionen mit einem Schleudersitz: Bleibt der Erfolg aus, werden zuerst die Führenden ausgetauscht. Wie beim Fußball, wo der Trainer gehen muss, wenn die Mannschaft nicht genügend Tore erzielt. Warum sollte man also nach dieser Aufgabe streben?

Ein paar Auszüge aus aktuellen Stellenanzeigen:

>»Ihre Kernaufgaben sind die Mitgestaltung der strategischen Unternehmensplanung sowie die Optimierung der technischen Verfahren und der Aufbau- und Ablauforganisation in Bezug auf Qualität und Effizienz. Sie entwickeln die Fertigungstechnik und -prozesse weiter, erarbeiten Investitionsplanungen und sorgen für eine erfolgreiche Umsetzung Ihrer Entscheidungen.«
Technischer Geschäftsführer für einen Automobilzulieferer im Rheinland

»Zum nächstmöglichen Zeitpunkt suchen wir einen Geschäftsführer (m/w/d) mit hoher unternehmerischer Kompetenz.
Ihre Aufgabe: In Abstimmung mit dem ehrenamtlichen Vorstand
und dem Aufsichtsrat sind Sie mitverantwortlich für die Leitung,
Steuerung und Organisation unserer Genossenschaft. Im Mittelpunkt stehen die Verantwortung für den erfolgreichen Vertrieb
unserer Weine sowie die Erschließung neuer Märkte.«
Geschäftsführer für eine Weingenossenschaft

»Ihre Aufgaben: Führung und Steuerung des Unternehmens, Be-
obachtung von Markt- und Branchentrends und hieraus abgelei-
tete Definition von Unternehmenszielen, aktive Entwicklung
der Gesellschaften durch Erarbeitung einer ganzheitlichen Strategie und deren Umsetzung, Übernahme von Budget-, Ergebnis-
und Personalverantwortung, Reporting gegenüber den Gesell-
schaftern«
Geschäftsführer Mittelstand

»Ihre Aufgaben: Leitung und Koordination des Hardware-Ent-
wicklungsteams, Erstellung und Abstimmung von Hardware-
Terminplänen für die Entwicklung, Überwachung des Entwick-
lungsergebnisses bzgl. Qualität, Kosten & Termine, Aufwands-
schätzung und Ressourcenplanung des Hardware-Entwicklungs-
teams, Mitarbeit bei den Konzeptionen von System-, HW- und
Mechanik-Architekturen, Unterstützung des Projektteams bei
der Abstimmung der technischen Anforderungen mit Kunde
und Zulieferern«
Teamleiter Hardware-Entwicklung

Auch wenn im Profil der Bewerber beispielsweise Durchsetzungs-
vermögen, gute Moderations- und Kommunikationsfähigkeiten und
Teamfähigkeit gefordert werden, so überwiegen im »Anforderungs-
katalog« doch die klassischen harten Faktoren, wie sie auch für den
Erfolg des Unternehmens stehen. Vielleicht ist es vermessen zu glauben, dass Mitarbeiter-Recruiting anders funktionieren könnte. Doch
nach etwas längerem Suchen haben wir ein Beispiel gefunden, das
zeigt, dass es auch anders geht:

»Zusätzliche Voraussetzungen:
Du bist leidenschaftlicher Apple-Fan und liebst es, diese Leidenschaft mit anderen zu teilen. Du bist bereit, den einzigartigen Servicestil von Apple zu erlernen und dir anzueignen. Du zeichnest dich durch ausgeprägte Sozialkompetenzen aus – du bist hilfsbereit, einfühlsam und kannst gut zuhören.«
DE-Specialist im Apple Store

Dieses Beispiel gibt ein Gefühl dafür, dass eine andere Motivation hinter dem Job stehen soll als nur das Erreichen von Zielen und Gewinnen. Denn nur mit der Leidenschaft eines Fans lässt sich die Begeisterung für ein Produkt oder eine Dienstleistung spürbar und ehrlich teilen.

Um eine gesunde Führungskompetenz zu entwickeln, braucht man aus meiner Sicht Empathie, Verständnis, Selbstführung und Selbstwertschätzung sowie den ehrlichen Wunsch, Mitarbeiter zu hören, zu fördern und wahrzunehmen. Fakt ist: Den Erfolg erarbeiten die Menschen an der Basis. Der Stürmer schießt das Tor, nicht der Trainer. Wenn nicht jeder einzelne Mitarbeiter engagiert, motiviert und voller Freude sein Bestes gibt, dann kann das Unternehmen auch nicht sein volles Potenzial entfalten. Um gesunde Unternehmen voranzubringen, gilt es also auf Führungsebene das Wohl des Einzelnen im Blick zu behalten. Doch leider wird dies zu selten gelehrt. Gerade in »gestandenen« Betrieben, die jahrzehntelang vom Inhaber geführt wurden, herrscht oft noch eine patriarchalische Stimmung. Der Chef hat das Sagen. Wird einem dieser Führungsstil vorgelebt, wird es oft schwierig, auch andere Methoden zuzulassen. Da wir Deutschen Meister im Festhalten geworden sind, ist der Nachfolger vielleicht nur ein Abbild seines Vorgängers, getrost nach dem Motto »Das haben wir schon immer so gemacht«. Festhalten an alten Systemen oder Methoden ist durchaus beliebt. Als Vorbild für seine Mannschaft wird der Chef so aber kaum agieren können.

In den heutigen Führungsebenen fehlt es oft an Zeit für die Mitarbeiter, an Vertrauen in deren Stärken und an einem wertschätzenden, empathischen Umgang auf Augenhöhe. So erlebe ich es zu-

mindest sehr oft. Auch wenn Manager und Teamleiter bestens aus-
gebildet sind, so mangelt es häufig an Menschlichkeit. Dabei geht es
uns allen gleich. Wir wünschen uns Anerkennung. Wir möchten
ernst genommen werden. Wir möchten wertgeschätzt werden. All
das sind rein menschliche Bedürfnisse, die völlig unabhängig sind
von Alter, Bildungsstand oder Einkommen. Niemand kann sich diesen Grundbedürfnissen entziehen. Führungskräfte stellen sich gut
auf, wenn sie diese Bedürfnisse erfüllen.

Häufig stehen neue Arbeitsmethoden, in denen die Menschen
mehr in die Selbstverantwortung kommen, in der Kritik. Es besteht
das Vorurteil, jeder würde dann nur das machen, was ihm Freude bereitet. Ein moderner Führungsstil hat nichts damit zu tun, seine
Mitarbeiter völlig ohne Grenzen, Regeln und Anleitungen arbeiten
zu lassen. Im Gegenteil. Um Vertrauen, Orientierung und Zuverlässigkeit auf allen Ebenen zu schaffen, sind klare Regeln und transparente Ziele unerlässlich. Doch diese gelten eben für alle gleichermaßen. Wenn es im Teammeeting Redezeiten gibt, dann gelten diese
für jeden, auch für den Chef. Wenn Mitarbeiter eigenverantwortlich
Projekte bearbeiten sollen, dann ist es Aufgabe der Führungskraft,
sich zurückzunehmen, die Mitarbeiter machen zu lassen und voll
und ganz hinter dem Ergebnis zu stehen. Um Menschen zu motivieren und zu Höchstleistungen anzuspornen, ist vollständiges, bedin-
gungsloses Vertrauen notwendig. Natürlich kann auch mal etwas
schieflaufen. Nur aus Fehlern kann man lernen. Dann wird die Situation besprochen und analysiert, und es werden Wege gefunden,
wie es besser laufen kann. Jedoch sollte man den Prozess nicht mit
einem erhobenen Zeigefinger leiten, sondern ihn im Team angehen,
mitfiebernd und motivierend.

Klingt das für Sie alles nach böhmischen Dörfern? Im Kapiteln
»Wie wollen wir arbeiten?« gehe ich noch genauer darauf ein, wie
man einen gesunden, nachhaltigen Führungsstil im Unternehmen
etabliert. Hier sei nur so viel gesagt, dass erfolgreiche Führung
durchaus erlernbar ist. Vorausgesetzt, man hat die passenden Lehr-
meister und Vorbilder. Bereitschaft und Mut zu Veränderungen
müssen da sein. Doch davon gehe ich aus, denn Sie lesen ja dieses

Buch. Führung lässt sich erlernen. Fangen Sie am besten bei sich selbst an. Denn ein wesentlicher Aspekt ist nun mal, ein gutes Vorbild zu sein. Wie der Popstar für viele Fans ein Idol oder Vorbild ist, so sollten auch Sie als Führungskraft oder Chefin die Mitarbeiter durch Ihre Art begeistern und inspirieren. Wenn Ihre guten Führungseigenschaften Nachahmer im Unternehmen finden, wächst das genutzte Potenzial immens.

Achten Sie daher auch darauf, wie Sie mit sich selbst umgehen. Verzeihen Sie sich Fehler und Schwächen? Gönnen Sie sich ausreichende Auszeiten, um stets genügend Energie für die bevorstehenden Herausforderungen zu haben? Nehmen Sie sich Zeit, über die Zukunft zu sinnieren und Visionen zu spinnen? Wie viel Ihrer Tätigkeit ist Beruf und wie viel Berufung? Sehen Sie zu, dass Sie nicht nur delegieren und verwalten, sondern dass auch Sie Aufgabenbereiche haben, die Ihnen echte Freude bereiten. Sie sind ebenso wertvoll wie Ihre Mitarbeiter. Nur im Ganzen können Sie ein nachhaltig gesundes Unternehmen aufbauen, das all seine Potenziale ausschöpft. Daher: Verlieren Sie sich selbst nicht aus den Augen!

Als Experte für gesunde Unternehmen möchte ich auch eine Lanze brechen für eine gesunde Führung – ich meine da sowohl die Selbstführung als auch die Führung von Mitarbeitern. Gesund bedeutet in diesem Fall für mich: menschlich, empathisch, vertrauensvoll und wertschätzend. Wenn die Mitarbeiter als Individuen und als wichtige Stellschrauben im Unternehmen gesehen werden, dann werden sie ernst genommen. Der Geschäftserfolg, Ziele und Kennzahlen dürfen in diesem Moment gern hintenanstehen. Zumal sich durch motivierte und engagierte Mitarbeiter der Unternehmenserfolg ohnehin nicht aufhalten lässt. Sorgen Sie mit einem gesunden Maß an Menschlichkeit und Motivation dafür, dass Ihre Mitarbeiter Fans Ihres Unternehmens werden. Sie sollen lieben, was sie tun und warum sie es tun. Wer nur zur Arbeit kommt, um am Monatsende sein Geld zu erhalten, verpasst etwas. Er verschenkt wichtige Lebenszeit. Sein vollständiges Potenzial wird er mit dieser Einstellung nie entfalten können. Daher arbeiten Sie daran, dass Ihre Angestellten *gern* arbeiten. Dass sie die Aufgaben bekommen, die zu ihren

Stärken und Zielen passen. Umdenken ist auch angesagt bei Arbeitszeitmodellen. Je flexibler wir Unternehmer werden, umso besser können wir uns auf unsere Mitarbeiter einstellen und sie dadurch stärker für das Unternehmen gewinnen.

In diesem Sinne: Ab jetzt ist Schluss mit »Das haben wir schon immer so gemacht«. Ab heute heißt es »gemeinsam alle Potenziale entfalten«.

Exkurs: Führungsmethoden und -theorien

In meiner »Train the Trainer«-Ausbildung bei der European Business-Ecademy habe ich einige Methoden, Modelle und Theorien zur Mitarbeiterführung beschrieben. Anhand davon will ich Ihnen einen kleinen Einblick in die theoretischen Grundlagen geben. Viele von diesen Techniken lassen sich in der Praxis gut umsetzen.

Teamentwicklungsuhr

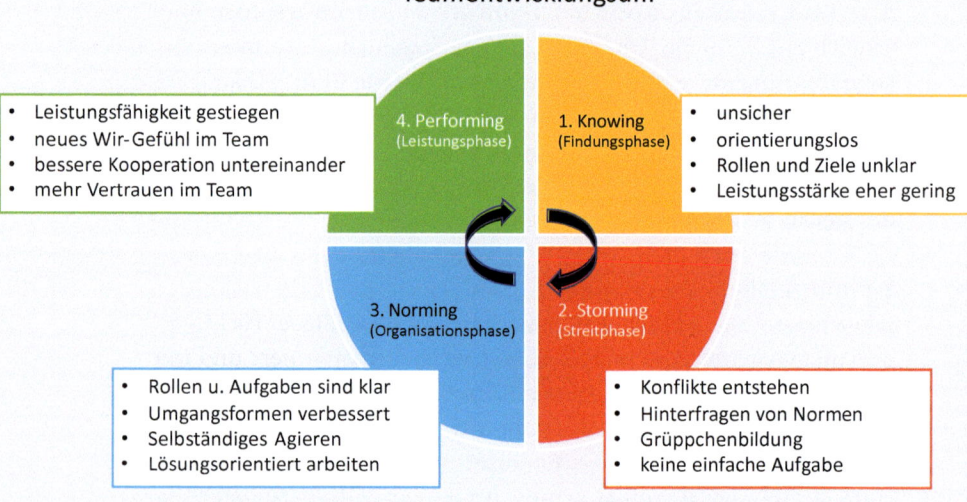

- Leistungsfähigkeit gestiegen
- neues Wir-Gefühl im Team
- bessere Kooperation untereinander
- mehr Vertrauen im Team

4. Performing (Leistungsphase)

1. Knowing (Findungsphase)

- unsicher
- orientierungslos
- Rollen und Ziele unklar
- Leistungsstärke eher gering

3. Norming (Organisationsphase)

2. Storming (Streitphase)

- Rollen u. Aufgaben sind klar
- Umgangsformen verbessert
- Selbständiges Agieren
- Lösungsorientiert arbeiten

- Konflikte entstehen
- Hinterfragen von Normen
- Grüppchenbildung
- keine einfache Aufgabe

Teamentwicklungsuhr –
Gruppendynamik nach Prof. Dr. Christian Hanisch

Christian Hanisch, der Gründer der European Business Ecademy, hat die »Teamentwicklungsuhr« weiterentwickelt. Sie beschreibt die verschiedenen Phasen der Gruppendynamik, die entsteht, wenn Menschen zu einem Team zusammengestellt werden. Folgende Phasen definiert Hanisch:

1. Kontakt-/Findungsphase (Knowing)

Die erste Phase ist die Kennenlernphase. Die Teammitglieder »tasten« einander situationsbedingt erst einmal ab und schätzen sich gegenseitig ein. Sie schauen, wie jeder Einzelne tickt. Die Rollen und Ziele innerhalb des Teams sind noch unklar. Es ist sehr wichtig, dass dieser Phase ausreichend Zeit gegeben wird, damit jeder seine Rolle finden kann. Dieser Prozess ist auch bedeutend, damit die Teammitglieder Vertrauen zueinander finden und sich wohlfühlen. Vertrauen und Wohlbefinden sind wichtig, damit sich der Einzelne traut, vor dem Team zu sprechen oder sich zu öffnen. Die Findungsphase kann es auch geben, wenn Personen einander zwar schon kennen, aber längere Zeit nicht gesehen haben. Die Führungskraft, der Teamleiter oder Sie als Chef haben hier die Aufgabe, als Gastgeber zu fungieren und den Kennenlernprozess zu unterstützen. Sie sorgen dafür, dass sich alle wohlfühlen, willkommen fühlen und dass alle Teammitglieder gleichermaßen gut informiert sind.

2. Konfliktphase (Storming)

Die zweite Phase ist die Streitphase. Die Teammitglieder rücken näher aneinander: Ein jeder merkt, mit wem er harmoniert und mit wem nicht, es bilden sich Grüppchen innerhalb des Teams, es kommt zu Spannungen. Wenn dann zutage tritt, dass die Aufgabe, die man gemeinsam bewältigen soll, komplexer ist als zunächst gedacht, entlädt sich dies alles in Konflikten und Streitereien. Die Anfangsmotivation ist dahin, und das Team sieht in dieser Phase gern Probleme, die evtl. nicht einmal da sind. Statt sie sachlich zu lösen, tragen sie die entstandenen Konflikte auf der persönlichen Ebene aus. Jetzt sind Teamleiter und Führungskräfte gleichermaßen als Schlichter und Motivatoren gefragt. Sie achten darauf, dass das Team selbst alle Unklarheiten beseitigt, sorgen zugleich dafür, dass alle Konflikte ausgeräumt werden und dass vor allem JEDER zu Wort kommt. Weiterhin haben sie für eine ausgewogene Atmosphäre zu sorgen und darauf zu achten, dass der Konflikt nicht eskaliert. Auch in Konfliktlösungssituationen wird das Ziel bzw. die zu lösende Aufgabe im Blick behalten. Eine Konfliktphase vollzieht sich nicht immer positiv, ist aber für den Prozess der Teambildung wichtig und ggf. notwendig.

3. Organisationsphase (Norming/Forming)

In der dritten Phase organisiert das Team sich und seine Arbeit durch Strukturen und Regeln. Damit jeder die Position bekommt, in der er sich wohlfühlt, müssen Organisation und Struktur im Team offen, positiv und konstruktiv diskutiert werden. Danach sollte sich jeder mit seiner Rolle im Team identifizieren und für die Aufgaben Verantwortung übernehmen, die er mit Leidenschaft und Wohlgefühl effizient erledigen kann. Die Leistungs- und Motivationssteigerung im Team merkt man deutlich. Denn nun wird lösungsorientierter und effizienter gearbeitet. Auch wenn im ersten Augenblick noch nicht alles rundläuft. Diese Phase kann einige Zeit in Anspruch nehmen, da solche Prozesse nicht immer leicht sind. Sie sind jedoch die Basis für gute Teamarbeit und gesunde Unternehmen. Daher sollten Sie hier ausreichend Zeit zur Verfügung stellen.

4. Leistungsphase (Performing)

Die vierte und letzte Phase ist gewissermaßen das Ziel eines jeden Teams. Die Rollen und Spielregeln, die in der Orientierungsphase entstanden sind, haben zu einem konstruktiven und lösungsorientierten Miteinander geführt. Das Team arbeitet nun effizient und eigenständig, und jedes Teammitglied achtet den anderen – die Wertschätzung und der Respekt untereinander sind gestiegen. Es darf sich jeder einbringen, die Entwicklung des Mitarbeiters steht im Vordergrund. Die Führungskraft kann sich etwas zurücknehmen, denn jetzt heißt es nur noch moderieren, Team weiterentwickeln und die Zielvorgaben für das Team bestimmen.

Dieses Modell verspricht den nötigen Erfolg, wenn es darum geht, leistungsfähige, effiziente und gut untereinander kooperierende Teams zu bilden. Wenn das Team diesen Prozess nicht durchläuft, wird in der Regel weniger Leistung erbracht. Die jeweilige Führungskraft ist dafür verantwortlich, das eigene Team so gut wie möglich durch diese Phasen zu begleiten. Die Teamentwicklungsuhr dreht sich wieder neu, sobald das Team eine neue Aufgabe bekommt oder neue Teammitglieder hinzukommen. Die Rollenverteilung in der Gruppe kann sich aufgrund der Anforderungen und der Stärken jedes Einzelnen verändern. Beispielsweise kann bei bestimmten Projekten auch eine Führungskraft zu einem Projektmitglied werden und dann innerhalb des Projektteams eine untergeordnete Rolle haben.

Rangordnung – Hackordnung

Auch ich habe bei der ersten Begegnung mit dieser Theorie über die Begriffe geschmunzelt. Doch das Modell der »Rang- und Hackordnung« trifft die Realität. Es stammt aus der Tierforschung: Es geht darum, wer in einer Gruppe der Boss, der Chef oder das Oberhaupt ist.

Ein neues Mitglied (N = der Neue) kommt in ein bestehendes Team und »sucht« seinen Platz darin. Tritt der neue Kollege sehr dominant auf und versucht er direkt, die Führung zu übernehmen, sich also an den ersten Platz zu setzen, wird er sehr schnell das restliche Team gegen sich aufbringen. In der Tierwelt ist ein solches Verhalten bei den Wölfen zu beobachten. Wenn zum Beispiel ein neuer Rüde ins Rudel kommt und dem Alpharüden seinen Platz streitig machen möchte, wird darum gekämpft, wer der Stärkere ist. Wenn jedoch der Neue gleich von Anfang an deutlich macht, dass er ein Teil des Teams sein möchte und keinen besonderen Platz anstrebt, wird er wesentlich schneller akzeptiert. Die bisherigen

Teammitglieder haben keine Angst um ihre Position, man sieht in dem Neuen keine »Gefahr«.

Kommt dagegen ein Neuer, der eine bestimmte Position innerhalb des Rudels/Teams anstrebt, zum Beispiel Position 4, kann es zu Machtkämpfen zwischen dem Neuen und der betroffenen Person sowie anderen Teammitgliedern kommen. Je nachdem, wie das Team aufgestellt ist und wie souverän der Neue auftritt bzw. welche Position er im Team anstrebt, reagiert das Team.

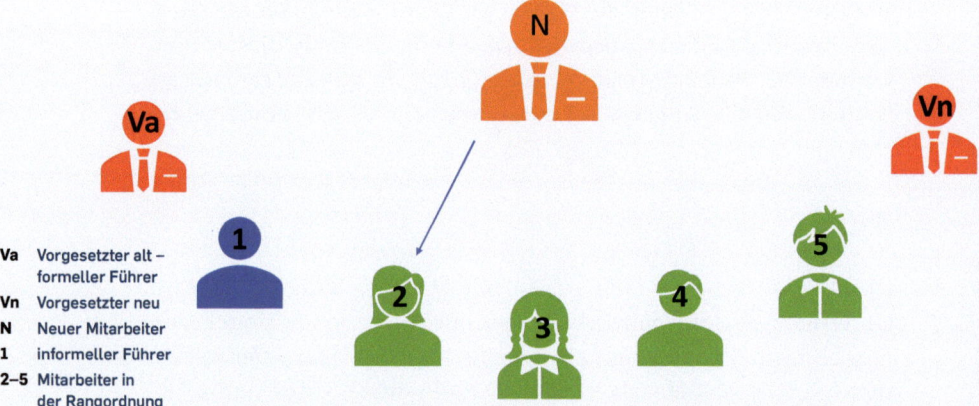

Va Vorgesetzter alt –
    formeller Führer
Vn Vorgesetzter neu
N   Neuer Mitarbeiter
1   informeller Führer
2–5 Mitarbeiter in
    der Rangordnung

Spannend wird die Rang- und Hackordnung, wenn ein Vorgesetzter hinzukommt, der vorher nicht zum Team gehörte. Das Team könnte gegen ihn arbeiten, je nachdem, wie er sich einbringt.

Wenn ein Team ganz neu entsteht, findet ein Vorgesetzter leichter Akzeptanz. Wenn er gleichzeitig der Gründer des Teams ist, ist die Akzeptanz noch höher und er übernimmt automatisch die Führung des Teams.

In Unternehmen lässt sich so etwas häufig beobachten. Wenn eine kompetente, akzeptierte Führungskraft das Unternehmen verlässt, wissen die Angestellten oft nicht, wie es weitergeht. Genauso fühlt sich ein neues Team zu Anfang. Für eine Führungskraft heißt es nun, sich für die richtige Methode zu entscheiden. Hier gibt es zwei Möglichkeiten:

Führen von vorne

Wenn ein Vorgesetzter von extern kommt und dominant auftritt, wird das Team ihn nicht direkt annehmen (Gefahr durch Veränderungen, Unsicherheit). Hierarchisch ist er höher gestellt, aber gruppendynamisch steht er ganz hinten, denn er ist als Letzter zum Team hinzugekommen.

Führen von hinten nach Hanisch

Strategisch wichtig wäre, sich als neuer Vorgesetzter zunächst hinten anzustellen, den Willen zu zeigen, das Team kennenzulernen und diesem zu ermöglichen, auch ihn zu »beschnuppern«. In dieser Phase steht der Vertrauensaufbau im Vordergrund, damit das Team ihn akzeptiert und die Angst vor Veränderungen nicht im Vordergrund steht.

Rangordnung nach Raoul Schindler & Prof. Dr. Hanisch

Ich favorisiere flache Hierarchien und will der Rangordnung im Unternehmen entgegenwirken, aber in den Betrieben finden sich nun einmal einige bestimmte Modelle häufig wieder. Wer die unterschiedlichen Rollen kennt und zuordnen kann, für den ist es leichter, alte Gewohnheiten aufzubrechen und die Teams neu zu sortieren. Schindler und Hanisch definieren in ihrem Modell folgende Rollen:

Vorgesetzter – formeller Führer

Bei einem Vorgesetzten handelt es sich meist um einen formellen Führer, der nicht vom Team gewählt, sondern ihm vorgesetzt wurde. Um schnell und erfolgreich mit dem Team arbeiten zu können, sollte dieser Vorgesetzte das Team aus seiner Erfahrung heraus, also wie beschrieben »von hinten« führen. Dann steht die Vertrauensbildung im Vordergrund. Bei einer Neubildung eines bestehenden Teams ist davon abzuraten, noch weitere höhere Positionen zu ersetzen (zum Beispiel durch eigene Mitarbeiter), denn dies bringt zusätzliche Unruhe und Unsicherheit ins Team. Damit die einzelnen Mitglieder die

Veränderungen annehmen können und weiterhin vertrauensvoll und motiviert arbeiten, ist es wichtig, Veränderungen zu kommunizieren und zu begründen. Personal auszutauschen, ohne dieses Handeln zu erklären, würde als Machtdemonstration gesehen, was kontraproduktiv wäre.

Alpha – informeller Führer

Ein informeller Führer findet sich von selbst: Diese Person tut Gutes für das Team. Dabei macht es keinen Unterschied, ob sie das Team schützt, führt oder sich für das Team einsetzt, sie wird automatisch zum Alpha. Sollte ein Alpha jedoch nicht mehr gut für das Team sein, dann wird es auch hier Veränderungen geben: Ein neuer informeller Führer »etabliert sich«. Der informelle Führer taucht im Organigramm nicht als solcher auf.

Beta – Spezialist

Der Spezialist gilt oft als »Fachidiot« oder Außenseiter. Meist nimmt er aufgrund seiner ausgeprägten Fachkenntnisse Sonderrechte in Anspruch – was das Team ggf. als unfair empfindet. Dies wiederum könnte dazu führen, dass der Spezialist in die Omega-Rolle fällt und zum Sündenbock wird.

Gamma – Mitläufer

Das sind die Teammitglieder, die den Alpha akzeptieren, die mitlaufen und ihn unterstützen.

Omega – Querulant

Ein Omega kann verschiedene Ausprägungen haben, bringt jedoch so oder so Unruhe ins Team:

Der Sündenbock   Wer besonders oder speziell ist, wird schnell zum Sündenbock gemacht. Gleiches kann für Spezialisten gelten, wobei hier der Neidfaktor eine verhaltenssteuernde Rolle übernimmt. Vorgesetzte sind besonders gefordert, sich schützend vor den Betroffenen zu stellen.

Der Kritiker   Der Kritiker wird oft als negativ abgestempelt, da er im Team oder in einem Projekt Missstände oder Probleme sieht, die evtl. noch niemandem aufgefallen sind. Daher ist er im Team nicht beliebt. Der Vorgesetzte sollte ihm allerdings gut zuhören, da er im Zuge seiner Kritik womöglich gute Lösungen und Ideen liefert. Es ist wichtig, den Kritiker ernst zu nehmen und seine Kritik zu würdigen.

Die Giftspritze   Sogenannte Giftspritzen haben ausschließlich zum Ziel, die Stimmung und Motivation im Team zu stören. Wichtige Inhalte steuern sie nicht bei. Sie verbreiten eine miese Stimmung und versuchen mit Grüppchenbildung innerhalb des bestehenden Teams gegen andere zu opponieren. Die meisten Giftspritzen sind uneinsichtig, und der Vorgesetzte muss das Team vor ihnen schützen. Wenn er eine derartige Situation nicht ernst nimmt, macht er sich unglaubwürdig und verliert in den Augen der Teammitglieder an Kompetenz. Um das Vertrauen und die Leistungsfähigkeit des Teams nicht zu verlieren, sollte der Vorgesetze das Gespräch (Konfrontation) mit der Giftspritze suchen und sie ggf. sogar aus dem Team entfernen (versetzen, kündigen).

Der Vorgesetzte, die Giftspritze und der Kritiker sind Ergänzungen Hanischs an der Rangordnung nach Schindler. Da viele Rollen unbewusst vergeben bzw. angenommen werden, ist es wichtig, diese Rollen zu kennen. Nur so lässt sich die Gruppendynamik verstehen. Für Unternehmen ist es wichtig, auch diesen unbewussten Entwicklungen Aufmerksamkeit zu schenken und entsprechend steuernd einzuwirken.

Eine weitere Rolle, die auf die Gruppendynamik einwirkt, ist der Gegner. Durch ein gesundes Feindbild, einen Gegner, wächst der Zusammenhalt innerhalb der Gruppe und die Teams treiben sich in der Folge zu Höchstleistung an. Es ist effizienter, sich ein Feindbild außerhalb des eigenen Teams zu suchen, damit es tatsächlich zur Stärkung des Teams kommt und sich die Mitglieder nicht stattdessen untereinander schwächen. In vielen Unternehmen bekriegen sich leider einzelne Abteilungen oder Bereiche untereinander, was die Gesamtleistung einschränkt. Viel effizienter ist es jedoch, wenn man gemeinsam gegen die Konkurrenz kämpft, die eigenen Energien verbindend. Daher sollte ein übergeordnetes Ziel (gesundes, kleines Feindbild) für die Gruppe definiert werden. Steve Jobs hatte zum Beispiel IBM als »Feindbild«.

Drama-Dreieck

Das Drama-Dreieck aus der Transaktionsanalyse beschreibt drei Positionen zwischen mindestens zwei Personen, die miteinander kommunizieren: die Opferposition, die Retterposition und die Täterposition. Es sind die Positionen, die Menschen in bestimmten Situationen der Kommunikation unbewusst einnehmen. Da sich das Drama-Dreieck drehen kann, wird es schnell zu einem Teufelskreis aus Kommunikation und Handlungen und erschwert die Zusammenarbeit. Für die Betroffenen ist diese Situation sehr ernst – sie sollte, wenn möglich, entschärft werden.

Unterbewusst haben wir Menschen bestimmte Rollenerwartungen mitsamt ihren Regeln, und wir erfüllen sie auch instinktiv. Die Rollen des Drama-Dreiecks können zudem mit persönlichen Mustern der Beteiligten korrelieren oder konkurrieren. Gerade weil diese Abläufe überwiegend unbewusst erfolgen, können Außenstehende diese ggf. auch manipulativ einsetzen, wie in der Politik, der Werbung oder im Karrierekampf. Das Drama-Dreieck ist sehr dynamisch. Es hat keinen festen Start und kein festes Ende, und die Rollen können sich im Verlaufe des Musters recht plötzlich verändern.

Wer diesen Entwicklungen entgegenwirken will, sollte im Team aufmerksam beobachten und zuhören. Führungskräfte, Teamleiter oder Chefs haben den wichtigen Auftrag, eine neutrale Rolle einzunehmen und Missstimmungen frühzeitig zu erkennen. Dann können sie auch in einem Konflikt, wie ihn das Drama-Dreieck beschreibt, eingreifen. Die Auflösung sollte immer möglichst neutral erfolgen – beispielsweise anhand einer bildhaften Geschichte wie der folgenden, die die Rollendynamik beschreibt:

»In einer Kneipe belästigt ein Mann (Täter) eine Frau (Opfer). Ein anderer Mann beobachtet es und kommt der Frau zu Hilfe (Retter). Er schubst den Mann von der Frau weg und sagt ihm, dass er die Frau in Ruhe lassen soll. Nun nimmt die Frau einen Regenschirm (jetzt Täter) und schlägt auf den Mann (jetzt Opfer) ein. Der Mann, der sie vermeintlich belästigt hat, ist ihr Ehemann. Das Opfer, die Frau, ist zur Täterin geworden. Der Retter wurde nun zum Opfer. So schnell können sich die Rollen verschieben.«

Wichtig ist es stets, den Retter zu würdigen, denn er hat aus einer positiven Absicht gehandelt. Wenn das Opfer jedoch keine Hilfe will oder benötigt, kann es passieren, dass der Retter zum Opfer wird. Wenn die einzelnen Teammitglieder und Mitarbeiter sich der Dynamik des Drama-Dreiecks bewusst sind, dann können sie ggf. entstehende Konflikte frühzeitig auflösen.

Dieser Exkurs zeigt bereits, wie vielfältig und umfangreich die menschliche Psychologie ist, allein wenn es um die Teambildung und Zusammenarbeit geht. Wenn Sie ein gesundes Unternehmen führen möchten und Ihre Mitarbeiter zu Fans werden sollen, dann ist es ganz wichtig, dass Sie sich *in* die Gruppe begeben. Hören Sie zu, seien Sie aufmerksam und erspüren Sie mögliche Zwischentöne und Diskrepanzen. Dann können Sie schnell für Auflösung sorgen und Ihre Belegschaft leistungsfähig und gut gelaunt erhalten.

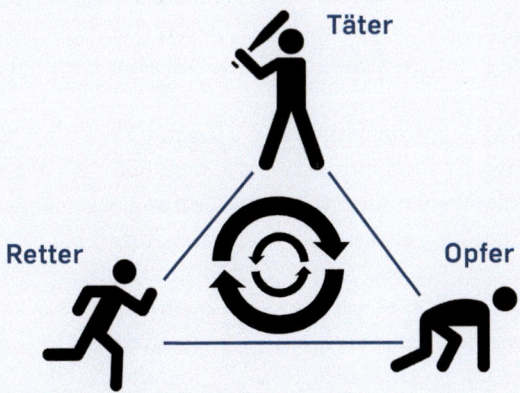

Ihre Mitarbeiter:
Honks oder Helden?

Ok, ich gebe zu: Die Überschrift dieses Kapitels ist ganz schön provozierend. Wer will schon als Honk, als Dummkopf, Trottel oder Idiot bezeichnet werden? Doch jetzt mal Hand aufs Herz: Sind Ihnen diese Gedanken nicht auch schon mal bei dem einen oder anderen Mitarbeiter oder Kollegen gekommen? Tatsächlich gibt es immer mal wieder Menschen, die scheinbar jegliche Denk- und Handlungsfähigkeit an der Garderobe abgeben, ehe sie ihren Platz am Schreibtisch einnehmen. Sie machen Dienst nach Vorschrift, lassen sich nicht stressen, überlassen das Mitdenken den anderen und sind so ziemliche Bremsen im Unternehmen.

Dem gegenüber steht das andere Extrem: die Helden, die Stars des Unternehmens. Sie engagieren sich für die Belange ihrer Firma, als wäre es ihre eigene. Sie achten nicht auf Arbeitszeiten, nehmen gerne Jobs noch mit nach Hause oder erstellen am Wochenende Präsentationen, mit denen sie in Meetings glänzen. Sie haben in der Regel einen guten Draht zu Vorgesetzten und Chefs – schließlich bringen sie Leistung. Allerdings sind diese Typen auch immer wieder gefährdet, sich selbst zu verbrennen. Ihr Ehrgeiz treibt sie über eigene physische und psychische Grenzen hinweg, was durchaus fatale Folgen haben kann. Werden sie dann tatsächlich krank und fallen aus, kommt für sie noch erschwerend hinzu, dass das Unternehmen meistens unbeeinträchtigt weiterläuft. Die Aufgaben werden zwar anders erledigt, doch es funktioniert. Ihnen wird klar: Mitarbeiter sind augenscheinlich austauschbar, auch sie selbst. Einen Helden kann diese Erkenntnis in eine zusätzliche tiefe Krise stürzen.

Zwischen Honks und Helden gibt es noch eine große Spannbreite an Mitarbeitercharakteren. Hinzu kommt, dass wir uns Honks oder Helden auch selbst heranziehen können. Wenn ein Mitarbeiter nie Entscheidungsbefugnis erhält, für minimale Fehler gerügt wird und ihm wenig Vertrauen entgegengebracht wird, dann können sich aus anfänglichem Engagement schnell Lethargie und Motivationslosigkeit entwickeln. Wenn jedoch die Stärken des Menschen gesehen werden, wenn man ihnen vertraut, das eigenständige Arbeiten zugesteht und Anreize schafft, dann werden Helden kreiert. Es liegt also viel in Ihrer Hand!

Schauen wir doch mal auf den Ist-Zustand in vielen Unternehmen und Abteilungen. Wie zufrieden sind die Mitarbeiter? Was wünschen sie sich von ihrem Unternehmen? Und wie reden sie über ihren Arbeitgeber?

Die Antworten auf diese Fragen können echt erschreckend sein. So hat das dänische Unternehmen Peakon in einer Studie[3] festgestellt, dass auffallend wenige Arbeitnehmer ihren Arbeitgeber weiterempfehlen würden. Das sind keine Fans ihres Unternehmens. Ein katastrophales Ergebnis, wenn wir auf den Fachkräftemangel schauen und den Wettbewerb um gute Köpfe beachten, in dem sich die meisten Unternehmen heutzutage befinden. Wenn Ihre Mitarbeiter Ihr Unternehmen nicht weiterempfehlen, dann leidet darunter Ihre Attraktivität als Arbeitgeber.

Doch woran liegt es, dass sich viele Mitarbeiter nicht wohlfühlen? Eher selten an den Aufgaben oder den Produkten, auch das zeigen die Studien. Nach dem Einkommen sind Kommunikation, Management und die Kollegen die wichtigsten Faktoren, die unzufriedene Mitarbeiter ändern würden, wenn sie es denn könnten. In diesen Bereichen für eine Verbesserung zu sorgen und damit die Mitarbeiterzufriedenheit zu erhöhen sollte eigentlich einfach sein. Doch meist findet man eher gegenteilige Reaktionen, so meine Erfahrung.

---

3 https://peakon.com/de/resources/bibliothek/

Die Kommunikation von Chef zu Mitarbeiter, aber auch unter den Kollegen ist tatsächlich vielerorts ein großes Problem. Manche Vorgesetzte begegnen ihren Mitarbeitern mit deutlichen Vorurteilen. Sie trauen ihnen einige der übertragenen Aufgaben nicht wirklich zu oder vermuten hinter jedem Gesprächswunsch, hinter jeder Beschwerde nur die Gier nach mehr Gehalt. Welches Gefühl vermitteln diese Vorgesetzten wohl ihren Mitarbeitern? Wertschätzung, Anerkennung oder Wahrnehmung der Leistung des Mitarbeiters: Fehlanzeige. Hierarchiedenken sorgt für Wettbewerb untereinander, für Ellenbogenmentalität und für schlechte Laune. Das Betriebsklima ist in solchen Unternehmen ziemlich abgekühlt, wenn nicht sogar unterkühlt. Solange in einer klassischen hierarchischen Struktur gearbeitet wird, können die Gedanken und Gefühle der Mitarbeiter den Oberen recht egal sein. Letztendlich entscheidet die Führungsebene, was getan werden muss, und die Untergebenen haben sich zu fügen. Dafür werden sie schließlich bezahlt.

Diese Strukturen bröckeln heutzutage ganz massiv. Insbesondere die junge Generation ist auf der Suche nach einer sinnstiftenden Tätigkeit. Die Nachwuchskräfte haben schon früh gelernt, dass sie eine Stimme haben und dass sie sich nicht mehr alles gefallen lassen müssen. Laut der Shell-Jugendstudie 2019[4] beispielsweise stellen 21 % der befragten zwölf- bis 25-Jährigen beim Thema Beruf den Aspekt der Erfüllung ganz oben an. Zudem soll der Beruf nicht ihr ganzes Leben dominieren. Die Sicherheit des Arbeitsplatzes ist der Generation Z zwar wichtig (93 %), doch der Arbeitsort selbst ist deutlich weniger Befragten wichtig (52 %). Um zukunftsfähig zu bleiben, müssen sich Unternehmen auf die junge Zielgruppe, die Nachwuchskräfte, einstellen. Vielen alteingesessenen Inhabern wird dies schwerfallen. Sie sind Kritik und Widerworte vonseiten ihrer Mannschaft nicht gewohnt. Doch ein Unternehmen, das an alten hierarchischen Strukturen festhält, wird früher oder später in die Knie gezwungen, da bin ich mir sicher. Ein Umdenken ist nicht zu vermeiden.

---

4 https://www.shell.de/ueber-uns/shell-jugendstudie.html

Veränderungen in der Kommunikation im Unternehmen werden von den Mitarbeitern als besonders wichtig angesehen. Auch ich mache immer wieder die Erfahrung, dass es in den Unternehmen große kommunikative Defizite gibt, eine starke Ungleichbehandlung in der Informationspolitik. Gerade wenn Sie ein Betriebliches Gesundheitsmanagement implementieren wollen, gilt es die Mitarbeiter zu hören. Ihre Bedürfnisse und ihre Bedenken müssen in die Planungen einfließen, damit die Maßnahmen später auch genutzt werden und somit zu mehr Gesundheit im Unternehmen beitragen können. Kommunikation ist das A und O.

Ein weiterer wichtiger Aspekt ist die Entwicklung einer wohlwollenden Fehlerkultur. Aus Fehlern können die besten Innovationen entstehen. Fehler sind wichtig, damit Menschen lernen können. Niemand von uns ist fehlerfrei auf die Welt gekommen, und ich bin mir sicher, dass auch Sie Fehler machen. Allerdings ist es in manchen Ebenen leichter, die Fehler zu verheimlichen oder andere dafür verantwortlich zu machen. Zu einem Fehler zu stehen und diesen für Verbesserungen zu verwenden macht eine gute Fehlerkultur aus. Dafür ist allerdings bedingungsloser Rückhalt seitens der Vorgesetzten und der Geschäftsführung notwendig. Menschen zum eigenständigen Denken und Handeln zu ermutigen funktioniert nur, wenn sie auch Fehler machen dürfen, ohne mit den schlimmsten Konsequenzen rechnen zu müssen.

»Der schlimmste Fehler in diesem Leben ist, zu befürchten, dass man einen macht.«

(Elbert Hubbard, 1856–1915, amerikanischer Schriftsteller)

Fehler lassen sich übrigens auch vermeiden, wenn Sie die Aufgaben gemäß den Stärken und Vorlieben des Einzelnen zuteilen. Ein zahlenaffiner Mitarbeiter wird in der Buchhaltung eher glücklich sein und fehlerfrei arbeiten als beispielsweise im Marketing. Sprechen Sie mit Ihren Mitarbeitern und erfahren Sie so, welche Aufgabenbereiche ihnen Freude bereiten und wo sie sich weiterentwickeln wollen. Mitarbeiter können auch Arbeitsprozesse, die sie tagtäglich machen müssen, mit ihren Ideen verbessern. Auch dabei kann es mal zu Fehlern kommen. Doch letztlich kennt jeder Mitarbeiter seine täglichen Aufgaben am besten. Er kann am ehesten seine Arbeitsprozesse oder Arbeitsmethoden direkt am Ort des Geschehens verändern und verbessern. So können Sie die Strukturen in Ihrem Team neu ausrichten und gemeinsam zu mehr Erfolg kommen.

Bitte beachten Sie, dass nicht jeder Mitarbeiter für seine Aufgaben und auch ganz allgemein Verantwortung tragen möchte. Hier sollte man sich die Frage stellen, warum er dies scheut. Einige Mitarbeiter haben nie gelernt Verantwortung zu übernehmen. Sie fühlen sich wohl und sicher, wenn sie nur zugeteilte Aufgaben abarbeiten. Auch das muss ich als Arbeitgeber respektieren. Gleichzeitig sollten Sie sich die Frage stellen: »Ist die Aufgabe, die der Mitarbeiter hat, gut für ihn?« Bei diesen Mitarbeitern ist es schwierig, eine ehrliche Antwort zu bekommen. Denn wenn sie selbst keine Verantwortung übernehmen wollen, dann können sie Ihnen vermutlich auch kaum sagen, dass ihnen ihre Arbeit keinen Spaß macht. Mit einem solchen Mitarbeiter sollten Sie schnell ein Gespräch suchen und versuchen, Vertrauen aufzubauen und ihn zu einem konstruktiven Austausch zu bewegen, mit dem Ziel, auch für diesen Mitarbeiter die für ihn passende Aufgabe zu finden, ihn »abzuholen« und seine persönlichen Bedürfnisse wahrzunehmen.

Mitarbeiter, die nicht hinter ihrer Arbeit oder hinter ihrem Unternehmen stehen, können auf Dauer sehr teuer werden. Bei Ihren Maschinen oder Ihrem Wareneinsatz haben Sie die Kosten stets im Blick, investieren für mehr Effizienz. Auch bei Neuanschaffungen achten Sie darauf. Wie sieht es dahingehend mit Ihren Mitarbeitern aus? Investieren Sie in das Recruiting ähnlich viel Zeit und Geld wie in die Neuplanung Ihrer Produktionsschienen? Haben Sie schon mal darüber nachgedacht, erst die Mitarbeiter auszusuchen und dann die Maschinen dazu? Wenn Sie einen Mitarbeiter hätten, der Feuer und Flamme ist, der neue Ideen hat und der – auf gut Deutsch – aus einem Haufen Dreck Gold machen würde, was wäre Ihnen dieser Mitarbeiter wert? Was würden Sie tun, um ihn in Ihrem Unternehmen zu halten? Oder andersrum betrachtet: Wie würden Sie mit einem Mitarbeiter umgehen, der Ihr Gold in kürzester Zeit zu Dreck verwandelt. Wie schnell würden Sie sich von diesem Mitarbeiter trennen? Betrachten Sie Ihre Mitarbeiter als wichtigstes Gut in Ihrem Produktionsablauf, als treibende Kräfte in Ihrem Unternehmen! Sorgen Sie sich gewissenhaft um sie und gehen Sie auf sie ein, um sie zum Helden ihres jeweiligen Arbeitsgebiets zu machen!

Wenn die Arbeit Spaß macht, ist man gleich stärker motiviert. Das eine bedingt das andere. Die Freude am Tun sorgt dafür, dass auch Ideen sprudeln. Mit Begeisterung entsteht fast von allein eine Innovationskultur. Mitarbeiter fangen an, sich einzubringen, weil sie merken, dass ihre Meinung etwas zählt. Durch eine wertschätzende, vertrauensvolle Kommunikation auf Augenhöhe lässt sich das Betriebsklima verbessern, und des Öfteren machen sich diese Veränderungen sogar im Geschäftserfolg bemerkbar – in wahrlichen Quantensprüngen.

Honks oder Helden? Sie entscheiden, was Sie aus Ihrem Team herausholen. Dabei geht es nicht um Geld. Kommunikation und ein wertschätzendes Miteinander sind die Motivations-Booster für Ihr Unternehmen.

Menschen sind Individuen

Auch wenn wir es vielleicht manchmal gern anders hätten und es uns so manche Theorien weismachen wollen: Jeder Mensch ist anders, jeder ist einzigartig und tickt aufgrund seiner Erfahrungen, Fähigkeiten, Fertigkeiten, Ausbildung und Erlebnisse ganz individuell. Es gibt keinen allgemeingültigen Maßstab für die Kommunikation mit Mitarbeitern. Während der eine schon fast Ihre Gedanken lesen kann und sich bereits an eine Aufgabe macht, ehe sie formuliert ist, benötigt der andere eine ganz konkrete Aufgabenstellung. Während der eine Orientierung sowie Sicherheit braucht und sich entsprechend auch an alle Regeln hält, ist der andere ein kreativer Freigeist und braucht einen gewissen Entscheidungsspielraum.

Auch die Sprache ist unterschiedlich. Natürlich gibt es eine einheitliche Sprache im Unternehmen, Deutsch oder Englisch werden es wohl in unseren meisten Fällen sein. Doch das Gesagte kommt längst nicht bei jedem gleich an. Manchmal ist unsere Sprache Segen und Fluch zugleich. Denn oft glauben wir, alles verständlich gesagt zu haben, und verstehen dann nicht, warum Mitarbeiter oder Kollegen genau das Gegenteil von dem tun, was wir meinten. Die Sprache macht die Kommunikation eigentlich einfach, doch Missverständnisse vermeiden kostet viel Übung, Reflexion und Klarheit. Und auch unterschiedliche Ausdrucksweisen. Während ein Handwerker oder Schlosser durchaus auch mal einen derben Spruch abkann, sollte man sich bei unerfahrenen oder sensiblen Mitarbeitern vielleicht doch besser zurücknehmen. Manch einem reichen kurze, knappe Ansagen. Andere benötigen mehr Informationen, um sich in ihrer Rolle zurechtzufinden. Die Kommunikation ist eine Schlüsselaufgabe für jeglichen Unternehmenserfolg. Daher ist es lohnenswert, sich mit verschiedenen Kommunikationstechniken auseinanderzusetzen und Schulungen zu besuchen. Es gilt, ein Feingefühl für die Menschen zu entwickeln. Sie sollten die feinen Zwischentöne in der Kommunikation erkennen, auf Gestik und Mimik achten sowie die Bedürfnisse hinter den Worten erspüren. Wenn Sie Ihrem Gesprächspartner auf Augenhöhe begegnen, seine Sorgen ernst nehmen und empathisch bleiben, dann ergibt sich recht schnell eine vertrauensvolle Kommunikationsbasis. Eine solche ist wichtig, wenn es darum geht, Ihre Mitarbeiter zu Fans zu machen und Ihr Unternehmen langfristig erfolgreich zu halten.

Neben der Sprache gibt es noch viele weitere Unterschiede, und das ist gut so. Schauen wir einmal auf die Selbstverantwortung. Für mich ist selbstverantwortliches, eigenständiges Arbeiten ein wesentlicher Baustein für ein erfülltes Angestelltenverhältnis und für motiviertes Arbeiten. Ich lasse mich in keine Formen pressen, halte mich nur ungern an Standards und bin wohl genau deshalb auch selbständig unterwegs. Solch agile Persönlichkeiten gibt es in jedem Unternehmen und auf jeder Hierarchiestufe. Sie sind echte Förderer für das Unternehmen und auch Motivatoren im Team, sofern man ihre Talente erkennt und als Stärken für die betrieblichen Belange nutzt. Mitarbeiter, die selbstverantwortlich arbeiten wollen, benötigen Freiraum. Sie müssen mit einer vernünftigen Entscheidungsbefugnis ausgestattet werden, und ihre Herangehensweise ist zu akzeptieren. Ganz gleich, was Sie auch denken mögen. Wenn Sie einen agilen Mitarbeiter ausbremsen, indem Sie sein Vorgehen hinterfragen oder gar kontrollieren, werden Sie ihn demotivieren. Dann ist er weit entfernt davon, Fan Ihres Unternehmens zu werden.

Wenn Sie den agilen Persönlichkeiten hingegen Eigenständigkeit zugestehen, werden diese sich sehr schnell mit ihrem Arbeitgeber identifizieren und ihre Stärken für das Unternehmen einsetzen. Das sind super Mitarbeiter, die Ihre Unternehmen voranbringen.

Doch was ist mit den anderen? Diejenigen, die keine Verantwortung übernehmen und keine Entscheidungen treffen wollen? Rausschmeißen? Natürlich nicht. Denn Sie brauchen ja auch die Mitarbeiter, die zuverlässig, gewissenhaft und schon fast etwas stoisch die ihnen zugeteilten Aufgaben abarbeiten. Im Falle einer Lethargie unter den Mitarbeitern können Sie letztendlich hier schauen, wo diese ihre Ursache hat. Ist es nur ein Unvermögen, weil die Mitarbeiter nie Entscheidungen treffen durften? Oder ist es Lustlosigkeit, weil der Mitarbeiter mit seinen Aufgaben völlig unterfordert ist? Ich denke, bei Überforderung würden sich andere Symptome zeigen. Die fehlende Entscheidungsfreudigkeit und Selbstverantwortung zähle ich jetzt nicht dazu. Vielleicht hat Ihr Mitarbeiter auch schon oft versucht, sich einzubringen, doch wurde er immer wieder vor den Kopf gestoßen. Das kann auch ungewollt und unbemerkt passiert sein. Das müssen nicht mal Sie oder die Teamleitung verschuldet haben. Es kann auch zwischen den Kollegen Situationen geben, die einen elanvollen Mitarbeiter ausbremsen. Ist er erst mal mehrfach angeeckt, dann hat er kaum noch Lust, sich reinzuknien und zu engagieren. Es sind also viele Aspekte zu beachten, wenn wir die Mitarbeiter passend einschätzen und ihnen einen erfüllteren Arbeitsplatz bieten wollen.

Zwischen den Generationen lässt sich schnell ein klarer Unterschied ausmachen. Während ältere Mitarbeiter oft auf Sicherheit bedacht sind und sich gern in die ihnen vorgegebene Rolle fügen, suchen viele jüngere Menschen nach Sinn und Herausforderung. Insbesondere die Kommunikation zwischen Jung und Alt kann ein echter Krisenherd werden. Während sich die Jungen vielleicht wenig sagen lassen wollen, erwarten die Älteren Respekt und wollen den Jüngeren zeigen, wie es läuft. »So wird es schon immer gemacht«, sagt die ältere Riege gern, die den Ideenreichtum der jüngeren ausbremst. Dabei ist das Wissen der Stammmitarbeiter für Ihr Unternehmen Gold wert. Sie haben Fähigkeiten und Fertigkeiten, mit denen sie dem Nachwuchs einiges vormachen können. Ihre Zuverlässigkeit ist wichtig, um den Betrieb stabil am Laufen zu halten. Die jungen Menschen aber sind frisch und voller neuer Ideen. Sie betrachten die Abläufe quasi als Außenstehende und haben sicherlich gute Ideen, um Prozesse zu optimieren. Daher gilt hier, wie immer im Leben, ein »sowohl als auch« statt ein »entweder oder«. Holen Sie die Individuen und verschiedenen Generationen ab, setzen Sie sie alle an einen Tisch. Erwirken Sie unter den Mitarbeitern gegenseitigen Respekt, indem Sie sich ehrlich und offen beiden Teilen zuwenden. Bilden Sie Teams, in denen Jung und Alt gemeinsam Projekte erarbeiten. Sehen Sie zu, dass in diesen Teams auf Augenhöhe ohne Hierarchien diskutiert wird. Dann werden sicherlich wahrlich brauchbare Ergebnisse entstehen. Unterschätzen Sie dabei nicht die Langzeitwirkung. Da sich alle im Team gesehen, gehört und ernst genommen fühlen, entstehen automatisch eine engere Bindung und eine verstärkte Identifikation mit dem Unternehmen.

Ich denke, so langsam wird deutlich, dass wir es mit Individuen zu tun haben. Ganz unabhängig von Alter, Dauer der Betriebszugehörigkeit oder Charaktereigenschaften: Ehrlich voran kommen Sie nur, wenn Sie die Menschen als Individuen wahrnehmen und ernst nehmen. Dazu gehört es auch, ihre Stärken und Leidenschaft herauszufinden und für Ihr Unternehmen zu nutzen. Leider ist es oft so, dass die Menschen gar nicht wissen, was ihnen Freude bereitet und was sie gern tun möchten. Fragt man nach, wird meist der Lottogewinn als Allheilmittel genannt, da dann gar nicht mehr gearbeitet werden müsse. Genau im letzten Wort liegt der Knackpunkt: müssen. Solange Ihre Mitarbeiter glauben, arbeiten zu *müssen*, wird es schwierig, sie zu echten Fans zu machen. Vermutlich denken Sie jetzt, dass es kaum jemanden gibt, der freiwillig arbeiten würde. Ernsthaft? Sehen Sie Ihren Job als Belastung an? Haben Sie Ihr Unternehmen gegründet, weil Sie keine andere Wahl hatten? Das kann ich kaum glauben. Sicherlich gibt es Phasen, die unsere Leidenschaft etwas verschatten. Und wenn ein Unternehmen erst mal läuft, stellt sich schnell mal Routine ein. Doch als Sie es gegründet haben, da hatten Sie ein »Warum«. Da wollten Sie etwas bewegen. Genau diese Leidenschaft, die Gründer spüren und die wir zu Beginn unserer Berufstätigkeit erleben, ist es, die das Müssen in ein Wollen verwandelt. Und diese Leidenschaft gilt es bei Ihren Mitarbeitern zu entfachen.

Klar, einer der Hauptgründe, warum wir arbeiten, ist das Geldverdienen. Wie müssen ja unseren Lebensunterhalt bestreiten. Doch wenn wir ehrlich sind, waren es andere Gründe, die uns zu dem Job unserer Wahl gebracht haben. Wäre dem nicht so, würden wir wohl alle in der Industrie oder im Management arbeiten, denn dort sind die Gehaltsaussichten doch sehr gut. Stattdessen haben Sie sich vielleicht für die Errichtung eines Seniorenheims entschieden oder für die Eröffnung einer Buchhandlung. Das Geld war nicht Ihr »Warum«.

So wird es höchstwahrscheinlich auch bei den meisten Ihrer Mitarbeiter sein. Als sie ihren Beruf gewählt haben, hatten sie bestimmte Vorstellungen. Sie sind davon ausgegangen, dass sie sich mit ihren Stärken und ihrem Können einbringen und etwas bewegen können. Sie haben sich auch auf ihre Arbeitsstelle beworben, weil die Aufgabenstellung spannend klang. In der Zeit des Arbeitsverhältnisses kann sich diese gewandelt haben, sodass Ihr Mitarbeiter gar nicht mehr die Dinge ausführen kann, für die er brennt. Es gibt unheimlich viele Faktoren, die Einfluss darauf haben, ob Ihre Mitarbeiter mit Leidenschaft arbeiten oder eben nicht. Wenn Sie das Gefühl haben, dass einer der Mitarbeiter unzufrieden ist, dann schauen Sie einmal genauer hin und suchen Sie auch das Gespräch.

Was war der Antrieb des Kollegen, als er seinen Job angenommen hat? Wie hat sich sein Aufgabenbereich in den vergangenen Jahren verändert? Wurde er bei Veränderungen gefragt und eingebunden oder wurden sie ihm vorgegeben? Welche Aufgaben übernimmt er mit Freude und Motivation und welche sind für ihn eher ermüdend? Wie ist das Verhältnis zwischen Lust- und Frust-Jobs? Hat sich vielleicht auch der Mitarbeiter verändert, sodass er in seinem Arbeitsgebiet nicht mehr die Erfüllung findet? Fragen über Fragen. Doch es lohnt sich, sich mit ihnen auseinanderzusetzen. Denn sie sind der Schlüssel für motivierte Mitarbeiter, für echte Fans.

Allerdings ist es wichtig, dass Sie all diese Maßnahmen auch wirklich wollen. Wenn Sie mit Ihren Mitarbeitern die Fragen nur erörtern, weil es hier steht, und ansonsten Ihr Unternehmen weiterführen wollen wie bisher, dann hätten Sie sich dieses Buch sparen können. Insbesondere die junge Generation, die Generation Y, durchschaut sehr schnell, ob Versprechungen und Maßnahmen ernst gemeint sind. Sie wollen einer sinnvollen Arbeit nachgehen und brauchen einen individuellen, flexiblen Arbeitsplatz. Wenn sie im Laufe eines Change-Prozesses merken, dass die dort angeschobenen Entwicklungen auf unfruchtbaren Boden fallen, dann klinken sie sich sehr schnell aus. Im schlimmsten Fall suchen sie sich einen anderen Arbeitgeber, denn verarschen lassen sie sich nicht.

Doch kommen wir zurück zur Leidenschaft. Damit Ihre Mitarbeiter Leidenschaft entwickeln können, müssen sie der Aufgabe gewachsen sein UND Freude an ihr haben. Beides zusammen entfacht das Feuer im Mitarbeiter. Wenn beispielsweise eine Kollegin oder ein Kollege aus Ihrem Team eine Weiterbildung machen möchte, dann genehmigen Sie diese. Wer sich freiwillig weiterbildet, hat etwas gefunden, das ihn antreibt. Auch wenn Sie Ihrem Mitarbeiter die gewählte Fortbildung noch nicht zutrauen, vertrauen Sie auf seinen Enthusiasmus. Menschen, die etwas wirklich wollen, entwickeln ganz neue Kräfte und Fähigkeiten. Hinzu kommt, dass Sie dem Mitarbeiter durch Ihr Vertrauen in ihn eine nicht zu verachtende Wertschätzung und Anerkennung entgegenbringen. Das ist eine absolute Win-Win-Situation.

Schauen Sie einmal, wie Sie Aufgaben im Team neu verteilen können. Nur weil eine bestimmte Aufgabe immer einer bestimmten Position zugeordnet war, muss das nicht so bleiben. Nehmen wir beispielsweise die Messeorganisation, eine klassische Aufgabe der Marketingabteilung. Fragen Sie doch mal Ihre Mitarbeiter, zum Beispiel aus dem Verkauf, ob dort jemand dafür brennt, sich auf einer Messe zu präsentieren. Aufgrund der direkten Gespräche mit Kunden kennt er deren Bedürfnisse und kann diese wunderbar in die Gestaltung der Präsentation einbringen. Warum sollten Sie diese Aufgabe nicht ihm übertragen? Die Kollegen in der Marketingabteilung hingegen sind vielleicht ohnehin schon sehr stark ausgelastet. Durch die zusätzlichen Belastungsspitzen durch Messevor- und Messenachbereitung sinkt die Motivation. So oder so ähnlich lassen sich sicherlich immer wieder Aufgaben im Team neu verteilen. Wenn diese Veränderungen aus dem Team heraus erarbeitet werden, dann können Sie sich über mehr Dynamik und Engagement unter den Kollegen erfreuen.

Meine Empfehlung ist es, alle zwei bis drei Jahre die Aufgabenverteilung zu hinterfragen. Erhalten Sie die Dynamik im Team. Vermeiden Sie, dass zu viel Routine reinkommt und somit die Entwicklung stagniert. Wenn neue Köpfe an Aufgaben arbeiten, gibt es immer wieder neue Ideen. Es entsteht ein regelrechter Verbesserungsprozess aus dem Team heraus, der alle Seiten gleichermaßen berücksichtigt.

Nun noch mal zurück zu dem einzelnen Mitarbeiter. Seine Stärken sind es, die Sie herausfinden und sinnvoll einsetzen können. Nach Fehlern und Schwächen zu suchen ist wenig zielführend. Manchmal sind diese zwar deutlich präsenter, doch Sie wollen ja Ihr Unternehmen voranbringen. Also ist es auch wichtig, für Ihre Mitarbeiter nach vorne zu schauen.

Abgesehen von der alltäglichen Leistung lassen sich die Stärken und Vorstellungen Ihrer Mitarbeiter am ehesten in einem Gespräch herausfinden. Oder auch in einem Workshop mit einem externen Moderator. Letztendlich geht es hier darum, einfach mal nach dem

Motto »Wünsch dir was« zu agieren. Bieten Sie Ihren Mitarbeitern eine Plattform, sich ihren optimalen Aufgabenbereich zu ersinnen. Lassen Sie zu, dass grenzenlose Visionen entstehen können. Machbarkeit steht erst einmal ganz hinten an. Um zu erkennen, welche Aufgaben in Ihren Mitarbeitern echte Leidenschaft entfachen können, dürfen wir erst einmal in keiner Weise limitierend einwirken. Großes und freies Denken wird dazu führen, dass Ihre Mitarbeiter selbst erkennen, was ihnen Freude bereitet.

Doch Obacht: Kollegen, die schon längst innerlich gekündigt haben, könnten durch einen solchen Visionstag auch den Ansporn bekommen, sich nach einem neuen Unternehmen umzusehen. Aus meiner Sicht wäre das eine gewisse natürliche Auslese. Denn wer sich ohnehin so gar nicht mit Ihrem Unternehmen identifiziert und zudem noch einen für ihn absolut demotivierenden Aufgabenbereich zu erfüllen hat, der ist anderswo vermutlich besser aufgehoben.

Wenn Sie durch solche Visionstage oder -Workshops erste Ergebnisse erzielt haben, dann lassen Sie diese auf gar keinen Fall in der Schublade verschwinden! Im Gegenteil: Am Ende eines jeden Workshops, Mitarbeitergesprächs oder Visionstages gibt es verbindliche Handlungsfelder sowohl für Sie als auch für Ihre Mitarbeiter. Vereinbaren Sie ganz gezielt Hausaufgaben, damit den Ideen schnell die konkrete Umsetzung folgt. Und terminieren Sie diese auch. Damit die Motivation des ersten Aufschlags nicht verpufft, sollten innerhalb von zwei Wochen konkrete Ansätze verfolgt werden.

Sicherlich werden Sie bei dem einen oder anderen Mitarbeiter auch feststellen, dass Leidenschaft und Fähigkeiten nicht ganz harmonieren. Dann schauen Sie, mit welchen Weiterbildungsmaßnahmen Sie ihn vielleicht unterstützen können. Letztendlich wird sich diese Investition auszahlen. Denn wer seiner Leidenschaft folgt, wird automatisch ein hochmotivierter und engagierter Teil des Unternehmens.

Denken Sie einfach mal daran, wie viel Aufwand manche Menschen betreiben, um ein Autogramm von ihrem Idol zu bekommen. Wenn die Mitarbeiter für Ihr Unternehmen und Ihre Idee brennen, dann werden sie sich auch mächtig ins Zeug legen, um gemeinsam die avisierten Ziele zu erreichen. Und was tut ein Star alles für seine Fans? Er bietet die Möglichkeit, Fragen zu stellen. Er erlaubt Einblicke in sein Leben und lässt die Fans teilhaben an seinem Erfolg. Bieten Sie Ihren Mitarbeitern im Unternehmen auch die Chance, Teil des Ganzen zu werden, indem Sie sich öffnen und ihnen einen gewissen Vertrauensvorschuss bieten.

Machen Sie sich die individuellen Eigenschaften, Fähigkeiten und Eigenheiten Ihrer Mitarbeiter zunutze. Schauen Sie, dass Sie für die jeweiligen Aufgabenbereiche aus Ihrem Team die Starbesetzung auswählen. Finden Sie Nischen oder vergeben Sie Zuständigkeiten neu, um Ihre Belegschaft zu einer erfolgreichen Mannschaft zusammenzuschweißen. Ich bin überzeugt, dass Willensstärke, Flexibilität, Durchhaltevermögen und Verständnis geradezu wahre Erfolgsbooster sind für Ihr Unternehmen.

»Jetzt erst recht…«

Einstellung von Christian Brink

So machen Sie
Ihre Mitarbeiter zu Fans!

Wie werden denn nun meine Mitarbeiter zu Fans? Diese Frage
stellt sich, glaube ich, jeder Unternehmer oder zumindest jeder Leser
dieses Buches. Doch wer kann diese Idee tatsächlich umsetzen und
wird zum Star der Unternehmerwelt? Wer ist bereit, genügend Zeit,
Ideen und Vertrauen zu investieren? Um herauszustechen, müssen
Sie attraktiv, angenehm und vor allem anders als alle anderen Unternehmen werden. Ihre Firma muss aus der Menge herausstechen,
wegweisend wie ein Polarstern. Denn nur wenn Sie sich von der
Masse abheben, wirken sie attraktiv und interessant auf potenzielle
neue Mitarbeiter. Wenn Sie jetzt denken »Kein Problem, ich inves-
tiere in eine Imagekampagne«, dann haben Sie leider meine Bot-
schaft bis hierhin nicht verstanden.

Ihr Unternehmen muss leuchten, und zwar von innen heraus. Nur
wenn Ihre Mitarbeiter ebenso strahlen, begeistert und mit Herzblut
bei der Arbeit sind, wird die Ausstrahlung Ihres Unternehmens echt,
nachhaltig und spürbar. Menschen müssen mit einem strahlenden
Lächeln zur Arbeit gehen und zum Feierabend gut gelaunt den Betrieb verlassen. Sie müssen sich mit ihrem Unternehmen identifizieren und gern von ihrem Arbeitgeber erzählen.

Denken Sie gerade bei »Stars der Unternehmerwelt« an BMW,
VW, Google, Porsche & Co.? Lassen Sie sich von den großen Namen
weder blenden noch verunsichern! Die Größe ist nicht entscheidend,
ob Sie aus Mitarbeitersicht zum Star werden. Auch wenn Sie nur
zehn, 20 oder 50 Mitarbeiter haben – das Individuum zählt. Und Ihr

Unternehmen. Ob klein, mittel oder groß – Sie wünschen sich Erfolg, und Sie wollen ihn mit und dank Ihrer Mitarbeiter erreichen? Dann können Sie in Ihrem Rahmen alles umsetzen, was die Großen vormachen. Und in Sachen Menschlichkeit haben Sie als kleineres Unternehmen mit flachen Hierarchien und direktem Draht zu Ihren Mitarbeitern definitiv die besseren Karten.

Lassen Sie sich auch nicht von eventuellen Kosten abschrecken. Die Investition in gute Mitarbeiter sollte Ihnen wichtig sein. Einen Arbeitsplatz bestmöglich auszustatten kann von Vorteil sein, ist jedoch nur ein kleiner Teil des Ganzen. In der Regel sind die weichen, kostenlosen Faktoren ausschlaggebend, was die Frage anbelangt, ob sich die Menschen in Ihrem Unternehmen wohl und angenommen fühlen. Wenn Ihre Mitarbeiter am Ende des Tages den Betrieb mit einem Lächeln verlassen, das nicht nur der bevorstehende Feierabend auslöst, dann haben Sie alles richtig gemacht.

Doch wie wird nun ein Mitarbeiter zum Fan seines Unternehmens? Erinnern Sie sich, wie schon im Kapitel »Menschen sind Individuen« kurz beschrieben, an die Zeit der Gründung Ihres Unternehmens oder an die Phase, bevor Sie diesen, Ihren Wunschjob, angenommen haben! Was hat Sie angetrieben? Welche Visionen haben Ihre Augen zum Leuchten gebracht und ein Kribbeln in der Magengegend verursacht? Was wollten Sie mit Ihrem Engagement bewegen und verändern? Für was sollte Ihr Unternehmen stehen und wie sollte es aussehen? Welcher Mission wollten Sie folgen? Diese Fragen sind es, die Gründer umtreiben. Die bohrende innere Unruhe und der Wunsch nach Veränderung, nach Verbesserung: Das ist es, was uns zu Unternehmern macht. Mit diesem Unternehmen folgten Sie Ihrer großen Vision. Machen Sie nun die Mitarbeiter zu einem Teil Ihrer Vision. Lassen Sie Ihre Begeisterung, Ihre Euphorie und Leidenschaft aufleben und »infizieren« Sie Ihre Mitarbeiter damit. Geben Sie ihrer Arbeit einen Sinn, indem Sie ihnen vermitteln, warum sie diesen Job tun und warum dies immens wichtig ist. Geld spielt, was die Wahrnehmung von Sinnhaftigkeit aufseiten des Mitarbeiters anbelangt, eine untergeordnete Rolle.

Dass wir tatsächlich aus anderen Gründen als des Geldes wegen zu Höchstleistungen bereit sind, zeigen viele Beispiele des Ehrenamtes. Der Wunsch zu helfen oder mit Menschen in Verbindung zu treten ist dann meistens der Antreiber. Mitglieder der Freiwilligen Feuerwehr, des DRK, der Bergwacht, vieler Rettungshundestaffeln oder anderer Hilfsorganisationen engagieren sich freiwillig und unentgeltlich. Sie verbringen ihre Freizeit damit, anderen Menschen zu helfen. Selbst wenn ein Notfall sie mitten in der Nacht aus dem Bett wirft, sind sie voller Einsatzbereitschaft dabei. Weil sie einem »Warum« folgen. Weil sie in einer Gemeinschaft Hand in Hand und mit absoluter Verlässlichkeit für das Gute einstehen. Sie wollen helfen, Leben retten und unterstützen. Sie folgen einer klaren Vision. Dankbarkeit, Anerkennung und Wertschätzung ist ihr Lohn. Hier zeigt sich sehr deutlich, welchen Werten wir Menschen folgen und welche Aufgaben unserem Leben Sinn geben.

Wahrscheinlich werden Sie jetzt zu Recht anmerken, dass im produzierenden Gewerbe oder im Büro eher selten Heldentaten zu erwarten sind. Dieses Beispiel soll Ihnen nur verdeutlichen, dass die Leistungsbereitschaft von uns Menschen von anderen Dingen abhängig ist als vom Gehaltsscheck am Monatsende. Das ist keine neue Weisheit, und doch locken die Unternehmen heute immer noch in erster Linie mit Geld. Vermutlich weil ein anderer Weg mehr Ideen, Visionen, Konsequenz und Klarheit erfordern würde.

Sie sehen schon, es liegt an Ihnen. Mitarbeiter zu Fans zu machen ist klare Chefsache und sollte oberste Priorität haben. Denn je besser Ihr Team aufgestellt ist und je eigenständiger es sich um den Erfolg Ihres Unternehmens sorgt, umso entspannter können Sie Ihren Aufgaben nachgehen. Sie kommen zum Planen und Handeln, anstatt stets nur Brände zu löschen und auf aktuelle Situationen zu reagieren.

Schauen wir noch mal auf die Dinge, die Sie tun können. Ich gehe mal davon aus, Sie brennen (wieder) für Ihre Idee, Sie kennen Ihre Vision und sind voller Begeisterung und Leidenschaft bei der Arbeit. Das ist die Grundvoraussetzung, um Ihre Mitarbeiter zu Fans zu machen. Zuerst müssen Sie selbst größter Fan Ihres Unternehmens sein. Dann kann es losgehen. Die folgenden zehn Schritte zeigen auf, wie es funktionieren kann. Vergessen Sie dabei bitte nicht, dass diese sehr vereinfacht dargestellt sind. Jedes Unternehmen mitsamt seiner Belegschaft ist individuell und muss seinen eigenen Weg finden. Doch diese Schritte sind recht allgemeingültig und daher meistens ganz gut übertragbar.

1. Hinhören und hinsehen

Schauen Sie genau und ohne rosarote Brille hin und nehmen Sie wahr, was in Ihrem Unternehmen passiert, und vor allem, wie es Ihren Mitarbeitern geht. Hören Sie genau hin, um mitzubekommen, was gesagt wird, auch zwischen den Zeilen. Seien Sie dabei ein stiller Beobachter. Es gibt immer Möglichkeiten, die Stimmung aufzunehmen. In der Kantine, im Pausenraum, auf dem Flur, in Teammeetings. Sehen Sie zu, dass Sie so häufig wie möglich mit Ihren Mitarbeitern zusammen sind, um möglichst viel wahrnehmen zu können. Wenn Sie Abteilungsleiter sind, dann gehen Sie auch einen Schritt aus Ihrer Abteilung raus. Horchen Sie, wie es in anderen Bereichen des Unternehmens läuft. Gibt es vielleicht Abteilungen mit besserer Stimmung? Was wird dort anders gemacht? Ihre erste Aufgabe ist ganz klar: beobachten, hinhören und hinsehen – so gut und so neutral, wie es nur möglich ist.

Werden Sie doch mal eine Zeit lang Praktikant im eigenen Unternehmen. Oder sind Ihnen die tagtäglichen aktuellen Abläufe nach wie vor bekannt? Wenn nicht, dann nehmen Sie sich einen Tag pro Woche Zeit und lassen sich in den verschiedenen Bereichen als Praktikant einweisen. Ich bin mir sicher, das wird einige Aha-Effekte bereithalten.

2. Verbindung und Vertrauen aufbauen

Wundern Sie sich nicht, wenn Ihre Mitarbeiter sich etwas zurückziehen, weil Sie auf einmal proaktiv ständig dabei sind. Wie war es in der Vergangenheit? Wie oft haben Sie sich unters Team gemischt und haben mit Einzelnen auch mal ein informelles Gespräch geführt? Waren Sie greifbar und ansprechbar für Ihre Mitarbeiter?

Wenn Sie jetzt aktiver auf die Belegschaft eingehen als vorher, dann kann es durchaus zu Irritationen kommen. Wenn Sie dies spüren, versuchen Sie, eine Verbindung mit den Menschen aufzubauen. Zeigen Sie sich menschlich und geben Sie auch von sich das eine oder andere preis. Probieren Sie es ggf. auf die lustige Art, indem Sie sagen »Frau Müller, glauben Sie mir, auch ich bin nur ein Mensch« oder »Herr Meier, hätten Sie das geahnt, dass Ihr Chef mit Ihnen mal über Kochrezepte spricht?«. Interessieren Sie sich ehrlich und aufrichtig für die Belange Ihrer Mitarbeiter. Menschen spüren es sofort, wenn Sie Verbindung und Vertrauen nur aufbauen wollen, weil ein unternehmerisches Ziel dahintersteht. Wenn Sie kein ehrliches Interesse an Ihren Mitarbeitern haben, dann legen Sie besser dieses Buch beiseite und machen weiter wie bisher. Wenn Sie künstlich versuchen, Verbindung und Vertrauen aufzubauen, dann geht das in die Hose und Sie schaden Ihrem Unternehmen eher.

Nehmen Sie sich für Schritt zwei viel Zeit. Auch die Mitarbeiter müssen erst lernen, dass Sie es ernst meinen. Je nach Vorgeschichte kann das dauern. Lernen ist ein Prozess. Und gerade die zwischenmenschliche Kommunikation bietet ein riesiges Trainingsfeld. Nutzen Sie ggf. Weiterbildungsmöglichkeiten in diesem Bereich oder Teambuilding-Maßnahmen, oder lassen Sie sich auf diesem Weg von einem externen Moderator begleiten. Erst wenn wirklich eine vertrauensvolle Basis geschaffen wurde, Ihre Mitarbeiter Ihnen vertrauen und sich in Ihrer Gegenwart wohl und sicher fühlen, haben Sie die Basis geschaffen, um Ihre Angestellten zu Fans zu machen.

3. Positions-Check

Als Nächstes sollten Sie prüfen, ob jeder Mitarbeiter auch die für ihn richtige Position innehat. Ist er fähig und gewillt, seinen Job auszufüllen? Hat er die Aufgaben, die ihm Freude bereiten und die er gern tut? Passen Arbeitszeitmodelle und Arbeitsplatz zu den individuellen Bedürfnissen? Wenn jemand beispielsweise Ruhe braucht, um konzentriert gut zu arbeiten, dann wäre er in einem kommunikativen Großraumbüro schlecht aufgehoben. Prüfen Sie jede einzelne Stelle auf Herz und Nieren. Sprechen Sie mit Mitarbeitern, Teams,

Vorgesetzten. Zeigen Sie den Willen, Dinge zu verändern für ein erfolgreiches Unternehmen.

4. Veränderungen innerhalb des Teams

Anhand des aufgebauten Vertrauens, der guten Verbindung zu Ihren Mitarbeitern und des Positions-Checks können Sie nun gemeinsam Veränderungen innerhalb des Teams anschieben. Die Aufgaben können neu verteilt werden, sodass jeder Mitarbeiter auch Tätigkeiten bekommt, die seinen Fähigkeiten und Vorlieben entsprechen. Sie können Zuständigkeiten verändern, Hierarchien abbauen und Abläufe optimieren. Da diese Veränderungen von innen heraus aus dem Team kommen, werden sie eine gute Akzeptanz finden. Sowohl die Stimmung als auch die Ergebnisse werden sich schnell positiv entwickeln. Durch eine Umstellung innerhalb des Teams werden neue Energien freigesetzt und die Mitarbeiter werden mit einem anderen Elan bei der Sache sein.

5. Individuelle Chancen bieten

Schauen Sie nach all diesen teambezogenen Schritten noch mal konkret auf jeden einzelnen Mitarbeiter. Was können Sie noch tun, um auf seine Bedürfnisse einzugehen und ihm die bestmöglichen Chancen in Ihrem Unternehmen zu eröffnen? Ermöglichen Sie eine Weiterbildung oder Umschulung, um einen Mitarbeiter dazu zu befähigen, seine Leidenschaft im Job auszuleben. Schaffen Sie nötige zusätzliche Arbeitsmittel als Unterstützung an. Oder kreieren Sie in Abstimmung mit Ihrem Mitarbeiter ein Arbeitszeitmodell, damit er Familie und Beruf miteinander vereinbaren kann. Bieten Sie Ihren Mitarbeitern die Chancen, die sie brauchen, um engagiert und leidenschaftlich für Sie arbeiten zu können.

6. Mitarbeiter finden

Beschäftigen Sie sich auch mit der Suche nach neuen Mitarbeitern. Denn, so positiv all das hier auch klingen mag, Sie werden nie alle Mitarbeiter mitziehen können. Es gibt auch Menschen, die abgeschaltet haben und denen Sie keine Leidenschaft mehr entlocken können. Wenn ein monotones Abarbeiten in deren Aufgabengebiet ausreicht, dann belassen Sie es dabei. Wenn jedoch ein solcher Mitarbeiter eine Position innehat, an der er Ihren Erfolg bremst und womöglich auch andere Mitarbeiter negativ beeinflusst, dann sollten Sie sich von ihm trennen. Es gibt immer wieder die Vergleiche mit einem faulen Apfel im Obstkorb. Ein Mitarbeiter, der nicht mitschwingt und sich partout gegen Veränderungen sträubt, kann zum echten Hemmnis für Ihre Bemühungen werden. Lassen Sie das auf gar keinen Fall zu!

Vor dem Hintergrund dieser Aspekte ist ein Personalwechsel unvermeidlich. Doch nehmen Sie sich für das Recruiting genügend Zeit. Sie haben mit den Schritten 1 bis 5 schon sehr viel investiert, um Ihrem Unternehmen einen neuen Spirit einzuhauchen. Sehen Sie zu, dass Sie Mitarbeiter finden, die genau einen solchen suchen. Formulieren Sie ganz klar Ihre Vision von Ihrem Unternehmen und die Anforderungen, die Sie an den idealen Mitarbeiter stellen. Lassen Sie bei Bewerbungsgesprächen keine Fragen offen, was Ihren Standpunkt gegenüber dem Thema »Mitarbeiter als Fans« angeht. Beobachten Sie genau, führen Sie mehrere Gespräche, stellen Sie detaillierte, tiefgründige Fragen, lassen Sie sich Referenzen nennen und rufen Sie die genannten Kontaktpersonen auch an. Prüfen Sie so auch die Bereitschaft Ihres neuen Teammitglieds, sich einzubringen und Vertrauen aufzubauen. Die Besetzung einer Stelle mit einer falschen Person wird immens teuer, insbesondere nachdem Sie nun schon wichtige Schritte in der Unternehmensevolution gegangen sind. Machen Sie Mitarbeitersuche zur Chefsache und lassen Sie sich wirklich Zeit, damit Ihre bisherigen Bemühungen auch weiterhin Früchte tragen.

Die A-B-C-Personal-Strategie von Prof. Dr. Jörg Knoblauch ist aus meiner Sicht sehr geeignet, um beim Personal-Recruiting die Richtigen unter den Guten zu finden. Er zeigt, wie man A-, B- und C-Mitarbeiter erkennt und richtig einsetzt.

Mit neuen Mitarbeitern gilt es das bestehende Team zu stärken und Wissens- und Kompetenzlücken zu füllen. Wenn Ihnen beim Recruiting ein aussichtsreicher Kandidat begegnet und Sie eigentlich für ihn noch nicht die passende Stelle haben, stellen Sie ihn dennoch ein. Wirklich agile, engagierte und visionäre Mitarbeiter entwickeln Ihr Unternehmen mit Ihnen weiter und werden so zu einer echten Bereicherung.

7. Neues Wir-Gefühl etablieren

Alle Stellen sind gut besetzt, die Mitarbeiter haben sich eingefunden in die neuen Abläufe, und sie konnten begeistert werden für den neuen Weg. Super! Doch nun heißt es, das Ganze noch mit einem neuen Wir-Gefühl zu verknüpfen. Hilfreich sind da auch die klassischen Teambuilding-Maßnahmen, doch sie sollten sich nicht auf *einmal im Jahr* beschränken. Im Gegenteil. Richten Sie beispielsweise tägliche oder wöchentliche Teamzeiten ein. Dabei geht es nicht nur um eine typische Teambesprechung, in der die bevorstehenden Projekte durchgegangen werden. Es geht eher um ein Beisammensein, um einen informellen Austausch. Gemeinsames Frühstück oder Mittagessen, ein Spaziergang oder Ähnliches. Ich meine alles, was das Wir-Gefühl stärkt. Sorgen Sie auch dafür, dass die gesamte Belegschaft eingebunden wird. Um besseres Verständnis untereinander aufzubringen, empfehle ich auch mal das bewusste Mischen zwischen den Abteilungen. Lassen Sie Ihre Mitarbeiter immer mal wieder einen Tag als Praktikant im eigenen Unternehmen verbringen. So kann jeder in alle Bereiche reinschnuppern. Die Identifikation mit dem Unternehmen wird gestärkt und das Verständnis darüber, wer was warum tut, verbessert. Denken Sie bitte immer an folgende Schlussfolgerung: Als eine der stärksten menschlichen Antriebskräfte gilt der Wunsch, zu etwas beizutragen, das größer ist als man selbst.

8. Maßnahmen verstetigen

Vielleicht der wichtigste Schritt in diesem Plan. Alle Maßnahmen, Ideen, Veränderungen müssen in den Alltag übergehen! Sie müssen Ihre Vision leben und dürfen auf keinen Fall nachlassen. Denn nur wenn Sie wirklich von tiefstem Herzen und aus innerer Überzeugung Ihren Laden umkrempeln wollen, wird dies auch Erfolg haben. Lassen Sie keine Eintagsfliegen zu! Bieten Sie sich selbst und Ihrem

Team Kontinuität und Verlässlichkeit. Und glauben Sie mir: Lernen braucht zwar etwas Zeit, doch wenn Sie alle erst einmal das neue Miteinander verinnerlicht haben, wird es zum absoluten Selbstläufer. Dann muss Sie niemand erinnern, dass Sie doch mit einem Lächeln durchs Unternehmen gehen wollten. Dann erfreuen Sie sich ganz natürlich über die wunderbaren Mitarbeiter und die tollen Erfolge, die Sie erzielen.

9. Verbesserungen und Visionen

Ruhen Sie sich nicht auf dem Ist-Stand aus! So dynamisch, wie sich Ihr Unternehmen und die Wirtschaft generell entwickeln, so dynamisch sollten Sie auch handeln. Regen Sie im Team an, dass Verbesserungswünsche willkommen sind. Hören Sie Ihren Mitarbeitern zu und nehmen Sie ihre Ideen auf. Lassen Sie auch Visionen zu. So könnte beispielsweise ein Tag im Monat der Zukunft des Unternehmens gewidmet werden. Oder Sie richten Innovations- und Visionsräume ein, in denen jeder Mitarbeiter zwei Stunden pro Woche verbringen darf und seine Ideen visualisieren kann. Definieren Sie ruhig auch Meilensteine und Ziele. Und gestatten Sie sich, groß zu denken, oder unterstützen Sie die Mitarbeiter beim Groß-Denken. Durch die neue Dynamik und den damit verbundenen Enthusiasmus im Team werden sich noch ganz neue Wege auftun für die Zukunft Ihres Unternehmens. Wachsen Sie gemeinsam mit Ihren Mitarbeitern.

10. Begeistern und Feiern

Wow! Sie haben es echt bis hierher geschafft!!! Jetzt ist es Zeit, voller Begeisterung das Leben zu feiern. Zeigen Sie Ihre (zurückgewonnene) Leidenschaft ganz offensiv. Begeistern sie so Ihre Mitarbeiter noch mehr. Seien Sie da, seien Sie präsent. Sie sind es, der Ihren Mitarbeitern Mut macht, sie mitnimmt und begeistert. Eben wie ein echter Star! Überraschen Sie auch mal. Denken Sie sich irgendwas Verrücktes aus und verstärken Sie so Ihr Ansehen bei den Mitarbeitern. Wie wäre es in einem heißen Sommer mal mit einem Pool im Innenhof des Betriebs? Abkühlung in der Mittagspause und nach

Feierabend eine Poolparty mit Cocktails? Laden Sie die Familien Ihrer Mitarbeiter ein zu einem gemeinsamen Betriebsfrühstück – vielleicht ohne dass es Ihre Mitarbeiter vorher wissen. Feiern Sie das Datum des Einstellungstermins ebenso wie einen Geburtstag. Feiern Sie sich und Ihre Mitarbeiter! Wichtig: All diese Maßnahmen dürfen keine klassischen Incentives sein. Es geht nicht darum, nur die Zielerreichung zu feiern. Es sind eher die kleinen Überraschungen am Wegesrand für JEDEN, die zum Durchhalten anspornen. Ach ja, und wie wäre es mit einem eigenen Fanclub im Unternehmen? Als Fan des eigenen Unternehmens gibt es Rabatt im Fitnesscenter oder in guten Restaurants. Vielleicht gibt es Partnerfirmen oder Betriebe in der Nachbarschaft, mit denen Sie kooperieren könnten? Ihrer Kreativität sind keine Grenzen gesetzt. Und wenn Ihnen mal nichts einfällt, befragen Sie das Internet nach Aktionen von Stars für ihre Fans. Da werden Sie sicher fündig. Wichtig ist, dass sich der gemeinsame Erfolg auch für jeden Mitarbeiter persönlich lohnt.

»Jeder ist seines Glückes Schmied ...«

Einstellung von Christian Brink

Work-Life-Balance oder Life-Work-Balance?

Es gibt da einen Schlüsselbegriff, der mittlerweile für viele Führungskräfte, Unternehmer oder Manager ein Unwort geworden ist: »Work-Life-Balance«. Allzu oft wird in Seminaren und Workshops auf die Bedeutung von der ausgeglichenen Balance zwischen Beruf und Privatleben gepocht. Manchmal scheint der Fokus eher auf einer »Life-Work-Balance« zu liegen mit klarem Blick auf die eigene Freizeit. Viele jüngere Menschen fragen im Vorstellungsgespräch nicht mehr zuerst nach dem Gehalt, was auch schon viel aussagt über die Motivation, sondern nach Urlaubstagen, Freiräumen oder Chill-Out-Areas im Betrieb. Es könnte der Eindruck entstehen, dass der Arbeitsplatz zum zweiten Freizeitvergnügen mutiert.

Und? Wäre das nicht sogar ein lohnenswerter Gedanke? Wenn Menschen ihre Jobs nicht mehr als Arbeit oder gar Maloche empfinden würden und sie stattdessen mit Vergnügen zur Arbeit gehen?

Wie ist es Ihnen ergangen, als Sie sich selbständig gemacht haben? Waren es äußere Zwänge, die Sie angetrieben haben, oder die innere Leidenschaft? Wenn es Letztere war, hat sich Arbeit dann für Sie wie Arbeit angefühlt, waren Überstunden anstrengend oder gar demotivierend? Wohl kaum. Wer mit dem Herzen dabei ist und Dinge aus Leidenschaft tut, der befindet sich in einer Art Flow. Die Zeit vergeht wie im Fluge, und es stellt sich ein Glücksgefühl ein. Ja, das funktioniert auch bei der Arbeit! Mein klares Ziel ist es, möglichst viele Menschen dahin zu bringen, dass ihre Augen strahlen, wenn sie von ihrem Beruf oder besser von ihrer Berufung erzählen. Ich bin überzeugt, dass das funktioniert. Vielleicht nicht bei jedem, das hatten wir ja schon beschrieben. Doch die wichtigsten Menschen in ihrem Unternehmen sind diejenigen, die ihre Aufgabe mit Leidenschaft ausführen. Sie sind bereit, Dinge weiterzuentwickeln und Ideen einzubringen. Sie wollen mit ihrer Leistung beitragen zum Erfolg des Ganzen. Und dies unabhängig von der Hierarchieebene. Motivierte, leidenschaftliche Menschen finden Sie auf allen Ebenen. Das ist ja der Vorteil daran, dass jeder Mensch anders ist. Jeder hat seine persönlichen Vorlieben und Stärken, und so wird man für nahezu jeden Aufgabenbereich Menschen finden, die dafür brennen.

Dabei ist für mich ganz klar Menschlichkeit ein wichtiger Schlüssel zum Erfolg. Und jetzt mal Hand aufs Herz: Auch bei Ihnen gibt es Momente, in denen Sie alles stehen und liegen lassen würden und Ihre Familie bzw. Ihr Privatleben Vorrang hat. Wenn Sie sich aber zu den Workaholics zählen und es bei Ihnen augenscheinlich nichts außer Arbeit gibt, stellen Sie sich doch mal die Frage: Für was würde es sich lohnen, die Arbeit ruhen zu lassen? Für ein letztes Gespräch mit Ihren Eltern? Für eine Karte zum WM-Finale? Für einen zärtlichen Moment? Jeder von uns hat seine eigenen Prioritäten und Vorlieben. Nur weil es *für Sie* vielleicht nichts außer Arbeit gibt, können Sie dies von Ihren Mitarbeitern nicht erwarten. Denn das wahre, berührende Leben spielt sich außerhalb des Firmengeländes ab. Dort tanken wir alle Energie, um am Arbeitsplatz Höchstleistung zu bringen. Dort lassen wir uns inspirieren für neue Ideen und Verbesserungen im Unternehmen. Diese Zeit ist genauso wertvoll wie die Stunden im Betrieb.

Daher zeigen Sie Ihre Menschlichkeit und nehmen Sie die Bedürfnisse Ihrer Mitarbeiter ernst. Schicken Sie doch mal Ihren Kollegen, der aufgrund eines Projektes Überstunden schiebt, mit wohlwollenden Worten in den Feierabend. Oder bieten Sie Familienvätern einen Tag frei an, wenn das Kind kränkelt oder der Kindergeburtstag ansteht. Was glauben Sie, wie solche menschlichen Gesten bei Ihren Mitarbeitern ankommen werden? Unterschätzen Sie nicht das positive Image, das Sie über diese Herangehensweise verbreiten. Da Sie proaktiv auf die Kollegen zugehen, sind Sie auch gefeit davor, dass

Trittbrettfahrer Ihre Menschlichkeit ausnutzen. Ich bin überzeugt, dass Menschlichkeit immer siegen wird. Auch in der harten Geschäftswelt. Denn kein Mitarbeiter möchte in einem herzlosen Unternehmen arbeiten, wo »Hire and Fire« das Tagesmotto ist und wo individuelle Bedürfnisse nichts wert sind. Jeder von uns ist bereit, sich einzubringen und alles zu geben, wenn die Rahmenbedingungen stimmen. Werden Sie mit Ihrem Unternehmen zu einem Leuchtturm in der Unternehmerwelt, indem Sie Dinge anders machen. Gehen Sie als gutes Beispiel voran und nehmen Sie die Fürsorge für Ihre Mitarbeiter ernst. Finden Sie die richtige Balance zwischen Privat- und Berufsleben sowohl für Ihr Unternehmen als auch für Ihre Mitarbeiter. Der Erfolg wird sich einstellen, das ist meine Überzeugung. Wo diese Balance gegeben ist, werden Mitarbeiter zu Fans, denn sie werden positiv über Ihr Unternehmen sprechen. Dann werden sie sogar Ihr Unternehmen als Arbeitgeber weiterempfehlen – und Ihre Nachwuchssorgen sind Schnee von gestern.

Als Experte für gesunde Unternehmen und Gesundheitsmanager bin ich natürlich auch darauf erpicht, eine gute Balance für die Mitarbeiter zu erreichen. Engagement und Entspannung müssen sich die Waage halten. Denn nur dann haben Sie auch leistungsfähige Mitarbeiter. Wer dauerhaft im Hamsterrad rennt oder mit viel zu vielen Bällen zu jonglieren versucht, wird mit der Zeit mürbe. Unzufriedenheit, Demotivation, Kraftlosigkeit und vor allem Ideenlosigkeit schleichen sich ein. Die Mitarbeiter arbeiten nur noch ab, gehen wie mit Scheuklappen durchs Unternehmen.

Persönliche oder unternehmerische Weiterentwicklung? Fehlanzeige. Von Krankheitstagen wollen wir in diesem Falle noch gar nicht sprechen.

Doch wie bekommt man nun hin, dass sich fast natürlich eine Balance einstellt, sodass Mitarbeiter gern und stressfrei arbeiten? Stressfrei bedeutet in diesem Zusammenhang nicht ohne Zeitdruck. Wir wissen alle, dass es immer mal brennt. Doch auch in solchen Situationen werden diejenigen Menschen, die mit Herzblut bei der Sache sind, einen kühlen Kopf bewahren und sicher durch die Engpässe manövrieren. Anpacken gehört immer mit dazu und ist seitens der meisten Mitarbeiter auch gewollt. Wenn jedoch die Arbeitsbelastung in eine Dauerstresssituation ausartet, wenn die Mitarbeiter mit zu zeitintensiven Projekten oder mit Aufgaben, die sie überfordern, dauerhaft konfrontiert werden, dann entsteht negativer Stress. Dann entstehen die heiklen Situationen, in denen die Menschen schnell in ein Burnout abrutschen können, heutzutage auch aufgrund der Informationsflut und der Schnelllebigkeit. Es gilt hier ein »sowohl als auch« zu finden. Einen Weg, der Mitarbeitern Leistung und Leidenschaft möglich macht.

Hier gibt es keinen klaren Schlüssel zum Erfolg oder eine einzige, nachhaltige Strategie. Unternehmen und Menschen sind verschieden, und so müssen auch Sie Ihren eigenen passenden Weg finden. Es lässt sich nicht einfach ein Hebel umlegen, und das Unternehmen erstrahlt in heiterem Sonnenschein. Doch Sie können bereits mit kleinen Dingen und Maßnahmen dafür sorgen, dass sich positiver und negativer Stress besser die Waage halten.

Ein schlichtes, jedoch effizientes Beispiel: Führen Sie Offline-Zeiten ein. Sorgen Sie dafür, dass keiner Ihrer Mitarbeiter 24/7 erreichbar sein muss. Klar, wenn es Notdienste gibt, dann sind Bereitschaftszeiten unabdingbar. Doch nur weil Ihr Mitarbeiter ein Diensthandy oder Dienstlaptop hat, sollten Sie nicht erwarten, dass er nach Feierabend und am Wochenende noch E-Mails bearbeitet. Klären Sie mit Ihrem IT-Dienstleister, dass E-Mails nur zu festgelegten Bürozeiten zugestellt werden. Wenn Sie dann Mitarbeiter haben, die aufschreien, weil sie befürchten, ihre Arbeit nicht zu schaffen, dann suchen Sie das Gespräch. Hier liegt höchstwahrscheinlich eine Überforderung vor. Denn es darf nicht die Regel sein, dass ein Mitarbeiter in seiner Freizeit arbeitet, um sein allgemein gefordertes Pensum zu schaffen. Damit wird klar der Frustpegel steigen. Lassen Sie das nicht zu!

Nutzen Sie Offline-Zeiten auch, um den Arbeitsalltag zu strukturieren und Ihren Mitarbeiten Freiräume zu verschaffen. Ich bin überzeugt: Wenn wir mit gutem Beispiel vorangehen, wird sich das auszahlen. Lassen Sie also beispielsweise mehrmals in der Woche auch während der Arbeitszeiten die E-Mails für ein oder zwei Stunden nicht zustellen. Sowohl Mitarbeiter als auch Kunden werden sich schnell daran gewöhnen, dass es beispielsweise dienstags zwischen 10.30 Uhr und 12 Uhr keinen E-Mail-Verkehr gibt. Deaktivieren Sie auf jeden Fall an allen Computern und Handys die automatische Benachrichtigung bei E-Mail-Eingang. Dieser Bruchteil von Sekunden, in dem »Sie haben eine neue Nachricht« aufploppt, lenkt dermaßen ab und baut hohen Druck auf, dass dies einfach nur schädlich ist.

Mir ist bewusst, dass ich in den Augen einiger von Ihnen vermutlich Grenzen übertrete. Die Menschheit freut sich über das digitale Zeitalter, und ich breche hier eine Lanze für Offline-Zeiten. Back to Steinzeit. Ganz so extrem ist es nicht. Doch so schnell sich auch unsere Technik entwickelt, die Evolution ist nicht ganz so fix. Multitasking & Co. klingen wunderbar modern, doch letztendlich bleiben die Menschen auf der Strecke. Nicht umsonst gibt es heute mehr psychische Erkrankungen, Burn-outs oder Bore-outs denn je – Tendenz steigend. Ich sehe es als Pflicht eines Unternehmers, die Mitarbeiter vor einem digitalen Overload zu schützen. Und das bedeutet im Klartext: Einfach mal den Stecker ziehen!

In der heutigen Zeit, in der wir so infiziert sind vom digitalen Leben, fallen wir oft schon in ein Loch, wenn das Internet mal nicht funktioniert oder der Handyempfang gestört ist. Kennen Sie auch die Unruhe, die entsteht, wenn Sie mal nicht erreichbar sind? Ein unsichtbarer Antreiber, der uns schnell auch zu schaffen machen kann.

Zu einer guten Planung gehört auch eine sinnvolle Zeiterfassung. Erfassen Sie in Ihrem Unternehmen bereits, für welche Aufgaben Ihre Mitarbeiter wie viel Zeit investieren? In vielen Bereichen ist dies üblich, doch es ist längst noch nicht flächendeckend angekommen. Auch weil es erst einmal etwas Einarbeitung und organisatorischen Aufwand bedeutet, um für alle entsprechende Kostenstellen und Projekte festzulegen. Ob als Excel-Tabelle, als Datenbank oder über eine Softwarelösung: Lassen Sie notieren, für welche Arbeiten die kostbaren Mitarbeiterstunden draufgehen. Oftmals gibt es wahrliche Aha-Effekte bezüglich dessen, mit was sich die Kollegen tagtäglich rumschlagen. Wenn Sie diese Erfassungen ernst nehmen und regelmäßig auswerten, dann werden Sie schnell Zeitfresser entlarven. Oder es wird sichtbar, dass der eine oder andere Mitarbeiter in seinem Bereich scheinbar nicht ganz passend aufgehoben ist. Dabei ist ganz klar: Diese Zeiterfassung dient nicht der Kontrolle der Mitarbeiter. Sie soll Defizite und Entwicklungspotenziale offenbaren. Wer der Meinung ist, seine Mitarbeiter kontrollieren zu müssen, der wird nie Fans in seinem Unternehmen haben.

Was ist eigentlich New Work?

Sicherlich ist Ihnen dieser Begriff in letzter Zeit schon des Öfteren begegnet. Hinter »New Work – Neues Arbeiten« verbirgt sich ein Sammelsurium moderner, flexibler und agiler Arbeitsformen, die durch Globalisierung, Digitalisierung und Individualisierung entstanden sind und sich deutlich von denen unterscheiden, die noch vor einem Jahrzehnt üblich waren. 24/7 Erreichbarkeit ist technisch kein Problem mehr. Viele Jobs können von überall auf der Welt gemacht werden. Blitzschnelle Internetleitungen vernetzen uns rings um den Globus und sorgen dafür, dass sowohl Arbeitszeit als auch -standort an Bedeutung verlieren.

Gerade die jüngere Generation, die Azubis von heute und Fachkräfte von morgen, lebt einen ganz anderen Stil. Zwar sind ihnen Familie, Freundschaft, Partnerschaft sowie ein sicherer Arbeitsplatz auch wichtig. Doch einen wesentlichen Raum nimmt der Wunsch nach der Entwicklung der eigenen Persönlichkeit ein. Zur Selbstverwirklichung gehört es auch, einer interessanten und erfüllenden Tätigkeit nachzugehen. Junge Menschen suchen den Sinn in ihrem Leben und werden mit Sicherheit nicht acht Stunden am Tag mit aus ihrer Sicht sinnlosen Aufgaben vergeuden. Lebenszeit und Lebensqualität sind ihnen dafür zu schade.

Vor allem traditionelle Unternehmen schrecken vor »New Work« erst einmal zurück. Im Kopf haben sie vielleicht bunte, wilde Bilder der Sechzigerjahre, der Hippie-Zeit, als es eher ausgelassen und anarchisch zuging. Insbesondere ältere Chefs sorgen sich vor chaotischen Verhältnissen, wo jeder nur noch das tut, wozu er gerade Lust hat. Der Gedanke drängt sich auf, wenn stets und ständig von Flexibilität, Selbstverwirklichung und Work-Life-Balance die Rede ist. Doch die Wirklichkeit sieht anders aus.

Aus meiner Sicht beschreibt »New Work« eine Unternehmensform und Arbeitsumgebung, die sich vermutlich jeder Mensch wünscht. Eine wohlwollende, transparente Struktur, flache Hierarchien, Wertschätzung und Wahrnehmung, klare Kommunikation, Regeln, die für alle gelten, und, und, und.

Das A und O dabei ist für mich wieder einmal: Kommunikation, Klarheit und Entscheidungsfreudigkeit. Wer als Chef oder Führungskraft »gut Freund« für jeden sein möchte und keine Entscheidungen trifft, der wird weder mit den New-Work-Ansätzen noch mit irgendeiner anderen Arbeitsform erfolgreich werden. Und, auch ganz wichtig, Regeln gelten immer für alle! Auch für den Chef. Was nützt es, wenn in einer Teambesprechung jedem fünf Minuten Redezeit eingeräumt werden und der Chef schon eine Viertelstunde für seine Begrüßung braucht? Ganz klar. Es funktioniert nur, wenn Regeln für alle gelten. Und die Führungsriege geht bitte mit bestem Beispiel voran!

Doch betrifft Sie das Thema überhaupt? Vielleicht wollen Ihre Mitarbeiter ja gar nicht anders arbeiten? Das mag sein. Doch beachten Sie bitte folgende Punkte:

1. Wie ticken die Menschen, die Sie als Nachfolger für Ihre derzeitigen Mitarbeiter benötigen?
2. Was ist, wenn Sie erweitern wollen und neue Mitarbeiter brauchen?
3. Wie aktiv sind Ihre Mitarbeiter, wie viel Eigeninitiative zeigen sie?
4. Haben Sie schon das volle Potenzial Ihres Unternehmens ausgeschöpft?
5. Soll Ihr Unternehmen auch nach Ihnen weitergeführt werden?

Wenn Sie diesen Gedanken folgen, dann bleibt es nicht aus, dass Sie sich auch mit den jüngeren Generationen und ihren Bedürfnissen und Denkweisen auseinandersetzen müssen. Bereiten Sie sich rechtzeitig darauf vor und schaffen Sie ein Arbeitsumfeld für die Zukunft. Auch dafür steht »New Work«. Ich persönlich bin überzeugt, dass viele Unternehmen über neue Varianten der Zusammenarbeit ihr Potenzial deutlich besser ausschöpfen können.

Was bedeutet es nun, wenn Sie es mit Menschen zu tun haben, denen ihre persönliche Entwicklung besonders wichtig ist? Geben Sie ihnen Aufgaben, die zu ihnen passen und an denen sie wachsen können! Hören Sie hin, wenn sie etwas zu sagen haben. Nehmen Sie sie ernst. Wobei Sie das mit allen Mitarbeitern tun sollten, wenn Sie ernsthaft Fans generieren wollen. Doch in diesem Kapitel geht es nun mal verstärkt um die jüngere Generation.

Wie arbeiten Menschen, die sich selbst verwirklichen möchten? Wenn sie den passenden Job haben, dann arbeiten sie engagiert und motiviert. Sie sind umsichtig, haben ein Auge für potenzielle Verbesserungen. Sie identifizieren sich mit ihrem Job, reden gern und gut darüber und schauen auch nicht so genau auf die Uhr. Wem die Arbeit Freude bereitet, der wird auch im Urlaub mal einen Blick in die E-Mails werfen oder auch nach den Bürozeiten noch mal für eine Telefonkonferenz zur Verfügung stehen. Das alles passiert FREIWILLIG. Diese Menschen fühlen sich verbunden mit ihrem Unternehmen, fast als wäre es ihr eigenes. Deshalb sind sie gewillt, ihre Aufgaben mit viel Leidenschaft und Herzblut umzusetzen. Das sind echte Fans Ihres Unternehmens!

Absolut tödlich für Leidenschaft und Engagement ist Kontrolle! Sind Sie jetzt zusammengezuckt? Mag sein. Im ersten Moment klingt es sehr ungewohnt, Mitarbeiter einfach so machen zu lassen und Verantwortung abzugeben. Doch gerade bei den willigen, engagierten Selbstverwirklichern kommen Sie nicht darum herum – wenn Sie ihr volles Potenzial nutzen wollen. Natürlich bedarf es Einarbeitungszeiten; die neuen Kollegen werden nicht von heute auf morgen vollständig eigenständig agieren können. Doch klares Ziel ist es, die Mitarbeiter in die Lage zu versetzen, eigenständig und selbstverantwortlich zu arbeiten und zu entscheiden. Dadurch schaffen Sie sich gleichzeitig Freiraum und können Ihre wertvolle Zeit für Visionen oder für Mitarbeiter-Recruiting investieren – für echte Chef-Aufgaben eben.

Nehmen wir mal an, Sie haben solche Menschen in Ihrem Team und Sie lassen sich darauf ein, ihnen echte Selbstverantwortung zuzusprechen. Sehen Sie zu, dass diese Kolleginnen und Kollegen sich auch mit Verbesserungsvorschlägen einbringen. Normalerweise wollen sie das auch. Sie sind erpicht darauf, mit Ihnen und dem Team das Unternehmen voranzubringen. Sofern Sie diese Mitarbeiter nicht durch unbedachtes Handeln und unnötige Restriktionen einschränken, können Sie sich auf echtes Ideenpotenzial freuen.

Etablieren Sie in Ihrem Unternehmen auch eine zielführende Fehlerkultur. Fehler können immer mal passieren, manche kosten Geld und Nerven, doch letztendlich sind sie kaum existenzbedrohend für ein Unternehmen. Betrachten Sie die Kosten vielleicht als Weiterbildungskosten für Ihre Mitarbeiter! Ein gravierender Fehler wird sicherlich nur selten wiederholt. Stattdessen lernt Ihr Mitarbeiter aus dieser Situation. Ausschlaggebend ist Ihr Umgang mit dem Fehler und den Folgen. Achten Sie auf Ihre Reaktion und Ihre Worte! Sie können Ihre Mitarbeiter demotivieren oder sie durch richtiges Handeln stärken! Bleiben Sie sachlich. Bevor über Fehler gesprochen wird, versuchen Sie erst einmal der Ursache auf den Grund zu gehen. War es Unwissenheit, Unachtsamkeit oder ein gutgemeinter Versuch mit einem unerwartet schlechten Ergebnis? Vielleicht fehlten dem Mitarbeiter Wissen oder die geeignete Technik, um den Fehler zu vermeiden. Machen Sie Ihren Mitarbeitern deutlich – in Ihren Worten und Gesten –, dass Fehler dazugehören, wenn man sich weiterentwickeln will. Nehmen Sie ihnen die Angst davor, Fehler zu machen, wie sie uns von Kindesbeinen an eingebläut wird. Statt Fehler zu riskieren, bleiben Menschen eher passiv, und jegliche Weiterentwicklung, jeglicher Fortschritt ist ausgebremst. Wenn Sie es schaffen, eine positive Fehlerkultur zu etablieren, dann wird sich das sehr deutlich auf Ihren Erfolg und die Zufriedenheit Ihrer Mitarbeiter auswirken.

Was allerdings auch klar sein muss: Wenn ein (teurer) Fehler mehrfach passiert, der Mitarbeiter also nicht daraus lernt, dann ist dieser wohl am falschen Platz. Dann liegt es wieder an Ihnen, Klarheit und Entscheidungsfreudigkeit an den Tag zu legen und sich notfalls auch von einem Mitarbeiter zu trennen.

Zurück zur Selbstverwirklichung auf der Arbeit. Ist das möglich? Kann man sich im Job selbst verwirklichen? Ist man nicht als Angestellter an Anweisungen von oben gebunden? Wer macht dann die lästigen alltäglichen Aufgaben, wenn sich jeder nur noch selbst verwirklicht? Gute und berechtigte Fragen. Um Menschen eine Selbstverwirklichung im Job zu ermöglichen, sind sowohl Freiheit und Flexibilität als auch klare Spielregeln erforderlich. Die Großen machen es uns vor. Bei Google, Apple & Co. wird ein bestimmter Prozentsatz der Arbeitszeit freigegeben für individuelle Entwicklung. In Innovation-Rooms können Mitarbeiter Visionen kreieren, Weiterbildungen werden angeboten, der Austausch untereinander wird gestärkt. Zeit zur freien Verfügung ist natürlich nicht gleichbedeutend mit Freizeit. Doch warum nicht mal eine Stunde spazieren gehen und dabei neue Ideen erdenken? Abseits vom Schreibtisch, vom eigentlichen Arbeitsplatz, lässt es sich freier denken. Sicher kennen Sie auch das Phänomen, dass die besten Gedanken unter der Dusche kommen. Eben immer dann, wenn Sie nicht konkret eine Aufgabe verfolgen oder bewusst eine Lösung erarbeiten müssen, sondern wenn die Gedanken frei vor sich hinpurzeln können.

Schaffen Sie für Ihre Mitarbeiter eine vertrauensvolle Atmosphäre, in der sie ihren Gedanken freien Lauf lassen können. Ganz ohne »das haben wir ja noch nie gemacht« oder »das können wir nicht bezahlen«. New Work heißt auch, groß zu denken und Visionen zuzulassen. Sie werden sehen, dass daraus eine ganz neue Kreativität entsteht und echtes Innovationspotenzial freigegeben wird.

Haben Sie Mut und setzen Sie sich mit den Vorteilen der modernen, agilen Arbeitsstrukturen auseinander. Binden Sie Ihre Mitarbeiter ein, um alte Strukturen aufzubrechen und Neues möglich zu machen. Vertrauen Sie darauf, dass Fans alles für ihr Idol machen würden und dass somit auch Ihre Mitarbeiter sich voll ins Zeug legen werden, wenn sie erst einmal wirklich begeistert für Ihr Unternehmen arbeiten. Schauen Sie zu Beginn, welche Mitarbeiter vielleicht ohnehin schon sehr eigenständig und selbstverantwortlich arbeiten. Befragen Sie sie nach dem, was Ihnen noch fehlt. Schauen Sie, wie Sie die Arbeitsweisen dieser Kollegen oder Abteilungen auf andere übertragen können.

Ich wünsche Ihnen ganz viel Erfolg und Freude bei der Etablierung Ihres rein persönlichen »New Work« in Ihrem Unternehmen!

Führung 4.0: Vision oder Wirklichkeit?

In den vorherigen Kapiteln klang es immer schon mal durch und insbesondere im letzten Kapitel »New Work« wurde es deutlich: Wir brauchen ein neues Führungsverständnis! Was bisher galt und was viele von uns gelernt haben, ist überholt. Klare Hierarchien funktionieren noch bei der Bundeswehr und mehr oder weniger gut in der Verwaltung. Doch zukunftsorientierte Wirtschaftsunternehmen brauchen eine andere Denke, um im Wettbewerb um Arbeitskräfte und Kunden zu bestehen. Führung 4.0 ist angesagt!

Digitalisierung ist dabei für mich nur ein Thema am Rande. Doch durch die Digitalisierung, durch die weltweite Vernetzung, die damit verbundene Markttransparenz und Informationsgeschwindigkeit, bekommt die Arbeitswelt eine ganz neue Dynamik: Während Sie sich vielleicht sicher fühlen, glauben, Sie hätten ein gutes

Team und wären ein guter Arbeitgeber, wird im weltweiten Web vielleicht ganz anders über Sie gesprochen. Oder Ihr bester Mitarbeiter schaut sich bereits nach etwas Neuem um, weil er sich bei Ihnen nicht mehr gut aufgehoben fühlt, und durch die neuen Online-Möglichkeiten ist er womöglich schneller weg, als Sie ahnen: höhere Fluktuation durch Digitalisierung. Und das wird teuer. Jeder Weggang kann Sie wie jede falsch besetzte Stelle laut diverser Studien 15 Monatsgehälter bis hin zu 2,5 Jahresgehälter kosten.

Doch die moderne Technik können Sie nicht aufhalten, und auch nicht den Austausch über soziale Medien. Sie können nur *in* Ihrem Unternehmen für eine gute Arbeitskultur, für Loyalität, echten Zusammenhalt und Vertrauen sorgen. Wenn Ihre Mitarbeiter bei Ihnen ihren jeweiligen Traumjob gefunden haben, sie wahrgenommen, geschätzt und gefördert werden, dann haben sie keinen Grund, sich nach etwas Neuem umzuschauen. Einmal Bayern-Fan, immer Bayern-Fan! Solange sich der Star nicht selten dämlich präsentiert oder Erwartungen nicht mehr erfüllt, so lange werden ihm seine Fans auch treu sein. Im übertragenen Sinne gilt dies auch für Ihr Unternehmen.

Sicherlich haben Sie auch schon erste Vorträge gehört und Artikel gelesen über Unternehmen, die sich dynamisch den Gegebenheiten des Marktes anpassen können und somit einen klaren Wettbewerbsvorteil in unsicheren, schnelllebigen Zeiten genießen. Häufig wird mir gesagt, dass eine solche Unternehmensführung maximal in kreativen Berufszweigen funktionieren würde. Dass jedoch im produzierenden Gewerbe oder in Großunternehmen eine klare Hierarchie und feste Strukturen notwendig seien, um den Betrieb aufrechtzuerhalten.

Meine Antwort dazu: Es geht nicht um »entweder oder«, sondern um »sowohl als auch«. Wie schon in den anderen Kapiteln aufgeführt, handelt es sich immer um Menschen, mit denen wir umgehen müssen. Und diese ticken nun mal unterschiedlich. Es wird immer Mitarbeiter geben, die eine klare Vorgabe wünschen und sich nicht selbstverantwortlich einbringen wollen. Es wird immer Betriebsbereiche geben, in denen das reine Abarbeiten oder vorgegebene Handgriffe der Alltag sind. Klar.

Doch genauso gibt es immer auch Bereiche im Unternehmen, die sehr dynamisch und agil arbeiten können, ja aus meiner Sicht arbeiten müssen, um das Unternehmen voranzubringen. Und das A und O für gute Qualität, hohe Produktivität und ein erfolgreiches Unternehmen sind die Mitarbeiter. Jeder Einzelne ist wichtig! Stellen Sie sich vor, Ihre Putzfrau würde die Büros, Gemeinschaftsräume und Toiletten nicht mehr regelmäßig reinigen. Ein heilloses Chaos würde entstehen. Die Poststelle würde Briefe erst eine Woche später an die entsprechenden Abteilungen verteilen oder es versäumen, Angebote fristgerecht einzureichen. Da können die höheren Angestellten noch so gut arbeiten. Wenn Sie die Basis verlieren, verliert Ihr Unternehmen.

Daher sind für mich die häufig als unerreichbar skizzierten agilen, dynamischen Unternehmen alles andere als eine reine Fiktion. Führung 4.0 bedeutet für mich, sich vor allem in internen Belangen dynamisch, agil, flexibel und mitarbeiterorientiert aufzustellen. Das bedeutet im gleichen Zuge, dass es klare Organisationsstrukturen und eindeutige Prozesse geben muss. Wer agile Unternehmen mit einem »Wünsch dir was«-Club verwechselt, der sollte genauer hinschauen. Marktgrößen wie Apple oder Google, die gemeinhin als die Vorreiter in diesem Bereich gelten, machen es uns vor. Die Unternehmen sind ganz klar strukturiert. Jeder Mitarbeiter kennt seine Befugnisse, kennt seine Aufgaben und vor allem die Vision, die seine Arbeit so wichtig macht.

Entwickeln Sie sich von der Führungskraft zum Leader. Stellen Sie dafür die Führungspyramide auf den Kopf und sehen Sie sich quasi als Jongleur, der die Balance im Unternehmen aufrechterhält. Vor Ihrem inneren Auge sehen Sie dann, dass die oberste Etage von Ihren Basiskräften belegt ist und nicht mehr von der Geschäftsführung. Ein erschreckendes Bild? Aus meiner Sicht nicht. Denn ohne Ihr Basisteam, ohne gute, qualifizierte und zuverlässige Arbeit an der Basis hätten Ihre Marketing- und Vertriebsprofis nichts zu verkaufen. Haben Sie darüber schon mal nachgedacht? Merken Sie vielleicht aus dieser Perspektive ein Ungleichgewicht, wenn Basismitarbeiter zum Mindestlohn eingestellt werden und Führungskräfte ihre stolzen Gehälter individuell verhandeln? Ja, ich bin überzeugt, dass jedes Teammitglied gleichermaßen wichtig ist für Ihr Unternehmen.

Sicherlich klingt das hier alles ganz einfach, doch mir ist bewusst, dass ein Wandel in unseren Unternehmen eine echte Lebensaufgabe werden kann. Sie werden unendlich viel Energie und Überzeugungskraft benötigen, um Ihre Ideen unterzubringen und die Mannschaft zu motivieren. Einige werden für sich Aufstiegschancen wittern, andere werden unliebsame Arbeiten loswerden wollen, wieder andere sorgen sich um ihren Stuhl und ihre Befugnisse. Mal eben die Pyramide umdrehen und ab morgen alles anders machen: Das geht nicht. Sie müssen sich erst einmal das Vertrauen Ihrer Mitarbeiter erarbeiten. Finden Sie ein kleines Team, das sich für die neuen Ideen begeistern lässt und erarbeiten Sie gemeinsam eine geeignete neue Organisationsstruktur. Beachten Sie dabei die wesentlichen Eigenschaften, die jegliche neue Strukturen und jeder neuer Prozess erfüllen muss:

1. Einbindung ALLER Mitarbeiter
2. Abbau von Hierarchien und Erleichterung von Entscheidungen
3. Aufbau von Selbstverantwortung eines jeden Einzelnen
4. Transparenz in allen Belangen

Schauen Sie, welche Unternehmen bereits ähnlich arbeiten. Fragen Sie dort, wie man dies umgesetzt hat. »Agile Unternehmer« sind gern bereit, Sie an ihren Erfahrungen teilhaben zu lassen. Sie haben kein Konkurrenzdenken und freuen sich über einen Austausch. Ich nenne hier die Marketingabteilung der Bünting Gruppe oder die Hotelkette Upstalsboom, die ihre Wandlung in verschiedenen Videos und Vorträgen aktiv kommunizieren. Auch das kanadische Unternehmen DLGL, das im Buch *Das Leben gestalten mit den Big Five for Life* von John Strelecky porträtiert wird, entspricht genau meiner Vision. Lernen Sie von anderen, die den Prozess schon durchlaufen haben.

Parallel bauen Sie das Vertrauen bei Ihren Mitarbeitern auf. Seien Sie präsenter, auch in den Produktionshallen oder Pausenräumen. Interessieren Sie sich ehrlich für Ihre Mitarbeiter, hören Sie ihnen zu. Lassen Sie sie auch teilhaben an Ihren Plänen, selbst wenn diese erst am Anfang stehen. Nichts ist schlimmer, als wenn der wirklich gute und mitarbeiterorientierte Wandlungsprozess hinter verschlossenen Türen erfolgt. Dann wird die Gerüchteküche aktiv und – ganz gleich, was kommt – die Akzeptanzbereitschaft wird niedrig sein.

Muss wirklich alles neu werden? Nein. Es wird auch in Ihrem Unternehmen Abläufe geben, die sich bewährt haben und die man durchaus beibehalten kann. Doch was Sie auf jeden Fall tun müssen: alles hinterfragen. Gnadenlos. Wenn Sie sich wirklich neu aufstellen wollen, dann fangen Sie jetzt nicht damit an, aufzuzählen, was alles bestehen bleiben soll. Hinterfragen Sie alle Abläufe, Prozesse, Strukturen. Schauen Sie genau hin und seien Sie ehrlich zu sich selbst: An welchen Stellen blockieren bisherige Vorgehensweisen die Dynamik und die Entwicklung Ihres Unternehmens? Ja, dieser Schritt kann schmerzhaft sein. Letztendlich haben Sie stets im Glauben gehan-

103

delt, das Beste für Ihr Unternehmen und Ihre Mitarbeiter zu tun. Und es stimmt: Es war auch das Beste, was Sie mit Ihrem bisherigen Wissensstand aus Ihrem Unternehmen herausholen konnten. Doch jetzt wissen Sie mehr, Sie haben einen anderen Blick und ein neues Ziel vor Augen. Daher ist es völlig in Ordnung, wenn jetzt viele Dinge, die Sie letzte Woche noch befürwortet haben, sich als nicht mehr sinnvoll entpuppen. Verinnerlichen Sie den Spruch von Francis Picabia, einem französischen Schriftsteller aus dem 19. Jahrhundert:

»Unser Kopf ist rund, damit das Denken die Richtung wechseln kann.«

Wenn Sie mit neuem Wissen und neuer Ausrichtung Dinge anders bewerten, ist das völlig legitim. Kein Grund, sich selbst infrage zu stellen!

Um sich selbst als Leader aufzustellen, müssen Sie unbedingt als Vorbild handeln. Während Sie bisher Ziele vorgegeben haben, liegt es jetzt an Ihnen, den Menschen in Ihrem Unternehmen zu spiegeln, welche Philosophie Sie verfolgen. Das ist das A und O. Denn wenn Sie es schaffen, selbst als Fan Ihres Unternehmens zu agieren, all die Wünsche an Ihre Mitarbeiter selbst umzusetzen und so den neuen Weg vorzuleben, dann wird es für alle anderen leichter sein, Ihnen zu folgen. Sie sind es, der Ihre Mitarbeiter begeistern wird und der sich für die Förderung und Weiterentwicklung eines jeden Einzelnen einsetzt.

Eine weitere Herausforderung rund um Führung und Arbeit 4.0 ist es, alle in und für Ihr Unternehmen aktiven Menschen gleichermaßen auf Ihre Philosophie einzustellen. Sicherlich arbeiten Sie auch mit externen Experten oder Freelancern zusammen. Vielleicht haben Sie bei bestimmten Projekten eine Teilzeitverstärkung von außen im Team. Es ist besonders wichtig, dass diejenigen, die von außen die Kernbelegschaft unterstützen und bereichern, genauso integriert werden wie jeder andere Mitarbeiter. Damit die Rechnung aufgeht und Ihr Unternehmen erfolgreicher wird, darf es keine Zweiklassengesellschaft geben. Auch nicht zwischen festen und freien Mitarbeitern.

Sie sehen schon, Ihr neuer Job als Leader beinhaltet ganz viele Positionen in einem. Sie sind Change Manager, Personalentwickler, Strategieberater, Wohlfühl-Verantwortlicher, Controller, Vermittler und Zuhörer in einem. Und sicher gibt es noch viel mehr Aufgaben und Rollen, die Sie besetzen müssen. Stets recht individuell angepasst an die jeweilige Situation und den jeweiligen Menschen, mit dem Sie kommunizieren.

Lassen Sie sich von all diesen Anforderungen nun bloß nicht abschrecken! Sie haben es bis hierher in diesem Buch geschafft, das zeigt mir, Sie wollen etwas ändern. Sie wollen neu denken. Dann tun Sie das! Fangen Sie an! Die Fehlerquote ist recht gering, das Risiko eines solchen wohlwollenden Änderungsprozesses ist minimal. Oh Entschuldigung. Wir sollten auch hier nicht von »Fehlerquote« sprechen. Denn alles, was neu ist oder verändert werden soll, ist ein Lernprozess. Darin werden Erfahrungen gesammelt und Lösungen gefunden. Von Fehlern zu sprechen wäre kontraproduktiv. Ich bin überzeugt: Wenn Sie erst einmal anfangen, dann wird Ihnen der Prozess unheimlich viel Freude bereiten. Wenn Sie die ersten Mitarbeiter haben, die Veränderungen bemerken und positiv darauf reagieren, dann wird das Ihr Antrieb sein. Lassen Sie sich ein auf Führung 4.0 und gestalten Sie Ihr Unternehmen zukunftsorientiert, mitarbeiterorientiert. So werden Sie zum Star – und Ihr Job erfüllt Sie wieder vollends!

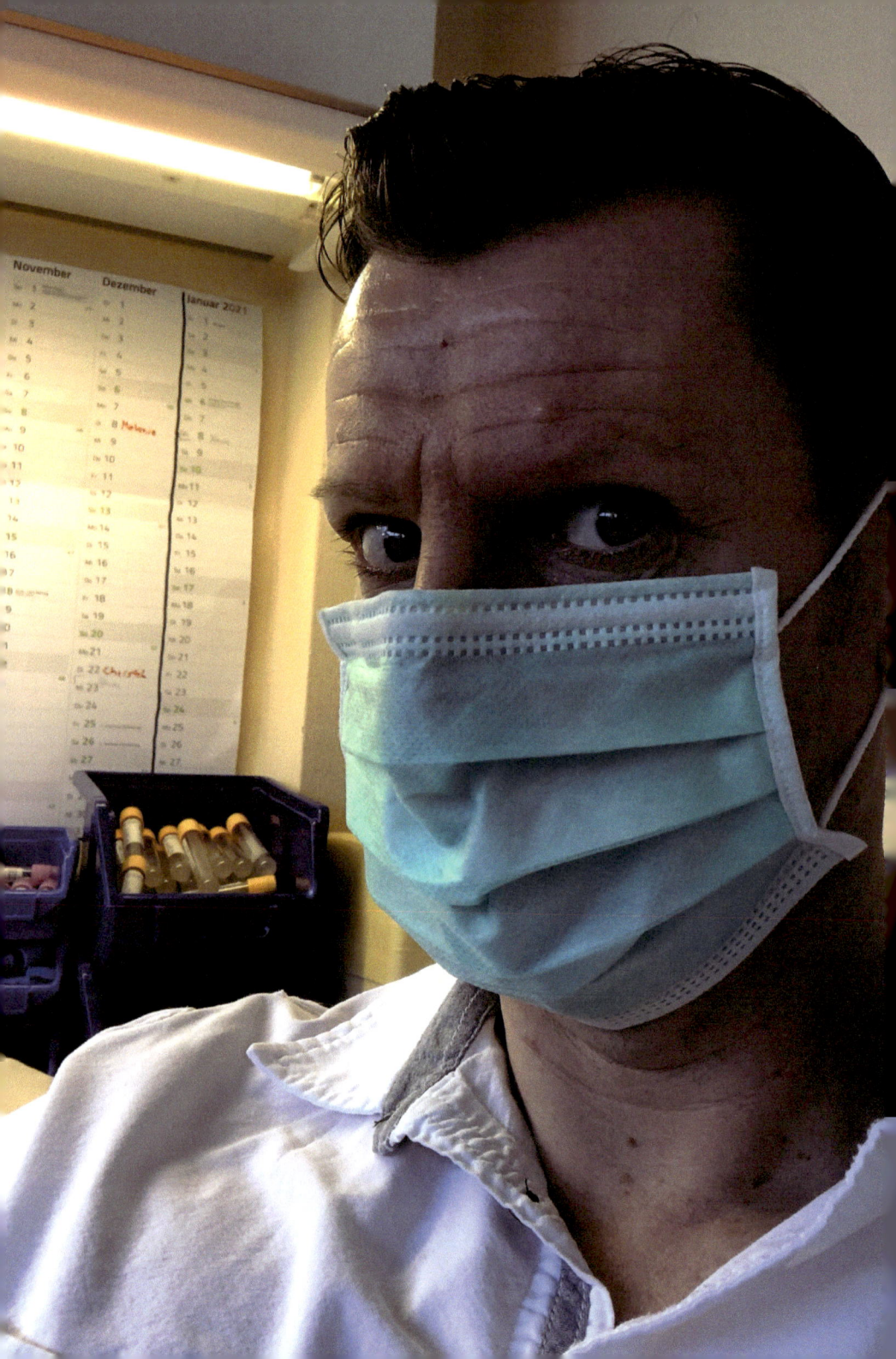

Was tun in der Krise?

Meine Vision klingt für Sie vielleicht wie eine Idealvorstellung des Unternehmertums. Doch was tun, wenn es mal kriselt? Denn auch wenn ich überzeugt bin, dass Sie mit meiner Strategie erfolgreicher werden, so gibt es doch auch oft genügend äußere Einflüsse, die teilweise zu echt heftigen Schwankungen führen können. Aufträge brechen ein, Kunden wenden sich ab oder höhere Gewalt wie die Corona-Pandemie im Frühjahr 2020 bringt die Wirtschaft zum Erliegen. Was nützt dann all mein Gefasel über die Mitarbeiter, ihre Motivation und Ihren eigenen Fanstatus? Nun, wenn Ihre Mitarbeiter bereits Fans sind, dann werden Sie gemeinsam die Krise besser durchstehen. Denn dann ist jeder Mitarbeiter bereit, sich einzubringen – durch das Abbummeln von Überstunden oder den Einsatz von Urlaubstagen, um die maue Zeit zu überbrücken. Doch was viel wichtiger ist: Wenn Ihre Mitarbeiter voll und ganz hinter Ihrem Unternehmen stehen, dann unterstützten sie Sie dabei, neue Lösungen zu finden. Im Kollektiv entstehen neue Ideen, es werden Möglichkeiten gefunden, unbekannte Märkte zu erschließen, Prozesse zu optimieren und Kunden zu gewinnen. Fans setzen sich für Sie ein und werden kreativ, um jegliche Krise durchzustehen. Fans werden Ihnen auch nicht den Rücken kehren und zur Konkurrenz abwandern, nur weil es mal ein paar Monate nicht so gut läuft.

Was auch im Krisenfall wichtig ist, ist eine offene und transparente Kommunikation. Und das nicht erst, wenn das Kind schon in den Brunnen gefallen ist! Berichten Sie Ihren Mitarbeitern regelmäßig, wie es um ihr Unternehmen steht – natürlich auch ohne Krise und bei Erfolgen. Dazu eignet sich eine jährliche Betriebsversammlung oder auch die Weihnachtsfeier. Achten Sie allerdings darauf, dass Sie Umsatzzahlen und/oder Gewinne auch für jeden verständlich erklären. Denn wenn Sie beispielsweise Mitarbeiter haben, die zum Mindestlohn für Sie arbeiten, und Sie dann von 2 Millionen Euro Umsatz reden, dann werden diese wenig motiviert sein, alles zu geben. Sie hören 2 Millionen, kennen jedoch nicht die Ausgabenseite. Viele Menschen, die noch nie selbständig waren, haben völlig realitätsferne Vorstellungen, wenn sie solche Zahlen hören. Daher berichten Sie auch offen über Ausgaben, stellen Sie Einnahmen und Kosten einander gegenüber, sprechen Sie klar über Gewinne und Verluste und machen Sie auch deutlich, dass vom Gewinn das Finanzamt noch einen ordentlichen Teil abzieht. Sie können kreativ sein, wie Sie die Zahlen verpacken und wie Sie sie verständlich rüberbringen. Wenn die Mitarbeiter die reguläre Situation verstehen und richtig einschätzen können, dann werden sie auch in einer Krisenzeit bewusster wahrnehmen, was mit dem Unternehmen passiert.

Wenn es Schwierigkeiten gibt, dann teilen Sie dies Ihren Mitarbeitern mit. Wenn beispielsweise Ihr größter Kunde seinen Vertrag nicht verlängert, dann geht das letztendlich alle an. Abgesehen davon, warum er geht und was man eventuell hätte besser machen können, so geht es in erster Linie darum, dass sich Mitarbeiter auch bei der Kundenakquise mit ihren Ideen einbringen können. Auch wenn betriebsintern entschieden wird, dass Sie einen wichtigen Auftrag nicht annehmen oder einem Kunden kündigen, ist es wichtig, dass Ihre Mitarbeiter gut informiert sind. Vielleicht hat der Kunde versucht, Sonderrechte einzufordern, die Ihrer Philosophie widersprachen. Dann handeln Sie wunderbar konsequent, wenn Sie darauf nicht eingehen und diesem Kunden den Laufpass geben. Sie haben Rückgrat bewiesen und sich vor Ihre Mitarbeiter gestellt. Das stärkt das Gemeinschaftsgefühl und zeigt deutlich, dass Sie Ihren Worten auch Taten folgen lassen.

Wappnen Sie sich in guten Zeiten für Krisensituationen. Tatsächlich können Sie ein Krisenszenario auch einmal im Mitarbeiterkreis durchspielen. Visionen erarbeiten und Ideen entwickeln – das machen Sie ja bereits in Ihren Kreativräumen und Teammeetings. Doch warum nicht auch einmal fragen »Was wäre eigentlich, wenn …«? Für mich wäre es sehr spannend zu erleben, wie die Mitarbeiter auf den Gedanken an Umsatzrückgang, Kurzarbeit oder Zwangsurlaub reagieren: eine interessante Möglichkeit, um einmal zu erspüren, wie gut Ihre Maßnahmen schon angenommen wurden und wo auf der Fanskala Sie sich befinden.

Ich bin überzeugt, dass jede Krise auch eine Chance bietet. Wenn Sie gute, engagierte und motivierte Mitarbeiter haben, dann werden Sie Saure-Gurken-Zeiten besser überstehen.

Nun mal Hand aufs Herz: Wären Sie nicht besser aufgestellt, wenn es in Ihrem Unternehmen statt nur einen Kopf mit Ideen gleich ganz viele gäbe? Ihre Mitarbeiter kennen die Abläufe und haben häufig sehr gute Ideen, wenn Lösungen gesucht werden oder Produkte optimiert werden sollen. Das Ideenpotenzial Ihrer Mitarbeiter bietet echte Chancen für Ihr Unternehmen. Es wäre nicht das erste Mal, dass aus Ideen eines Mitarbeiters ein neues, vielversprechendes Produkt entsteht. In Krisenzeiten ist eine schnelle Reaktion wichtig, und mit dem Wissen Ihrer Mitarbeiter schaffen Sie es vielleicht zeitnah, eine relevante Neuheit auf den Markt zu bringen. Nicht umsonst sagt man, in Krisenzeiten entstehen Chancen. Mit Fans als Mitarbeitern werden sich Chancen schon viel früher auftun. Ihre Mitarbeiter werden Ihnen treu bleiben, und so können Sie sofort wieder voll durchstarten, wenn sich die größten Schwierigkeiten verzogen haben.

Wie gehen Sie in Krisenzeiten mit all den Annehmlichkeiten für Ihre Mitarbeiter um? Sie haben vielleicht einen Personal Trainer eingestellt, der Ihre Mitarbeiter betreut. Das BGM haben Sie ausgegliedert, und ein externer Berater ist damit beauftragt, für die Gesundheit Ihrer Mitarbeiter zu sorgen. Wasser, Kaffee, Obstkorb gratis und leckeres, gesundes Essen zum Selbstkostenpreis in der Kantine sind Ihr Standard. Finanzielle Unterstützung bei Fahrtkosten, Weiterbildung und, und, und. All das sind freiwillige Leistungen, und die damit verbundenen Kosten fallen sicherlich als Erstes ins Auge, wenn es darum geht, dass Sie Ihre Ausgaben senken müssen. Doch bitte gehen Sie hier sehr behutsam vor. Gerade diese weichen Faktoren sind es, die Ihre Mitarbeiter begeistern und motivieren. Wenn Sie nun in einer Krisensituation gnadenlos alle Annehmlichkeiten für Ihr Team streichen, dann werden Ihre Mitarbeiter zu Recht hinterfragen, ob Ihre bisher so aktiv gelebte Philosophie wirklich aufrichtig ist. Oder ob Ihnen das Hemd näher ist als die Hose und Sie sich, wenn es denn mal ungemütlich wird, direkt wieder in die alte Chefhaltung zurückziehen und von oben steuern. Dabei sage ich nicht, dass Sie all diese Dinge aufrechterhalten müssen. Mir ist bewusst, dass es Phasen gibt, in denen alle den Gürtel etwas enger schnallen müssen. Die Betonung liegt auf ALLE. Genau darauf kommt es an, damit Sie Ihren Status als Starunternehmen nicht verlieren. Fangen Sie bei sich selbst an und streichen Sie Annehmlichkeiten, um Kosten zu reduzieren. Kommunizieren Sie dies auch. Dann können Sie in Zusammenarbeit mit den Mitarbeitern Lösungen finden, die für alle gut sind. Warum nicht die Kosten für den Kaffee teilen? Oder den Personal Trainer für etwas weniger Stunden einsetzen? Es gibt sehr viele Möglichkeiten zwischen Tun und Lassen. Daher nutzen Sie auch hier die offene Kommunikation und finden Sie gemeinsame Wege. Mittlerweile haben Sie Ihre Mitarbeiter so weit, dass sie in Ihrem Sinne denken und handeln.

Ich wünsche Ihnen und uns allen, dass uns große Krisen erspart bleiben. Aber wenn es dann doch passiert, dann möchte man im Anschluss gestärkt rausgehen und gemeinsam mit seinem Team zeigen, wie es geht. Mit Fans statt Mitarbeitern ist nahezu alles möglich.

»Chancen sind wie Busse,
es kommt immer wieder einer.
Du musst nur einsteigen.«

Einstellung von Christian Brink

Wie weit sind Sie schon – und wie sehen Sie sich überhaupt als Unternehmer?

In den vorigen Kapiteln haben wir sehr viel über Mitarbeitermotivation gesprochen und darüber, wie Sie Ihre Mitarbeiter zu Fans Ihres Unternehmens machen. Doch wie stehen Sie selbst zu Ihrem Unternehmen, zu Ihren Mitarbeitern, und was ist für Sie normal oder selbstverständlich? Was passiert eigentlich, wenn ein Unternehmer aufgrund seines Erfolges Staralüren bekommt und zur Diva wird? Wie verhalten Sie sich im Unternehmerkreis, wenn andere Chefs über die Unzuverlässigkeit ihrer Mitarbeiter klagen? Ich erlebe immer wieder, dass einige sehr erfolgreiche Unternehmer das Lob für sich einheimsen. Beim Herrenabend oder Netzwerktreffen klopft man sich gegenseitig auf die Schulter, und es wird kaum ein Wort darüber verloren, dass letztendlich das große Ganze, sprich: alle Mitarbeiter, dazu beigetragen hat, das Unternehmen nach vorne zu bringen. Ganz im Gegenteil, manchmal erlebe ich bei Unternehmertreffen, dass Teilnehmer sehr negativ über ihre Mitarbeiter sprechen, obwohl sie mit ihnen gute Erfolge erzielen.

Zum Glück ist dieses Szenario aber kein Standard mehr. Dennoch möchte ich Ihnen von einer Begebenheit erzählen, die ich vor einigen Wochen bei einem Unternehmertreffen hautnah miterleben durfte:

Es war Anfang des Jahres, und das Wetter war relativ mild. Ich war zu einem typischen Neujahrsempfang eingeladen, zu dem sich Unternehmer der Region, die Rang und Namen haben, treffen. Gastronomen, Hoteliers, Logistikunternehmer, Ärzte, Eventveranstalter, Geschäftsführer der Chemie- und Metallindustrie und einige mehr. Für mich war es etwas Besonderes, dass ich als Jungunternehmer zu diesem Abend eingeladen wurde. Es ging los mit einem Sektempfang, und ein kurzer Vortrag eines gebuchten Redners schloss sich an. So, wie es sich für ein Netzwerktreffen gehört, konnte man nach dem offiziellen Teil die Tische wechseln oder an der Theke mit anderen Unternehmern ins Gespräch kommen. Diese Möglichkeit nutzte ich natürlich, denn ich wollte ja bekannter werden, und so kam ich mit einigen unterschiedlichen Unternehmern – einige davon kannte ich bereits, andere noch nicht – ins Gespräch. Neugierig war ich vor allem auf die neuen Bekanntschaften und ihre jeweilige Art, ihr Unternehmen zu führen. In den Gesprächsrunden stellte sich jeder kurz vor. Ich erzählte von mir und meinem Vorhaben, Mitarbeiter zu Fans zu machen, für die Unternehmen etwas Gutes zu tun und Unternehmer dabei zu unterstützen, ihre Unternehmen erfolgreicher zu machen. Ich traf damit auf sehr viele offene Ohren.

Doch *einer* der Anwesenden verdrehte die Augen und sagte dann in etwa Folgendes: »Was wollen Sie? Mitarbeiter zu Fans machen? Ich habe bereits Fans in meinem Unternehmen. Wir waren mal 300 Mitarbeiter. Wir sind im Hotel- und Gastronomiegewerbe tätig, und wir mussten Mitarbeiter reduzieren. Ich habe aus Kostengründen die Mitarbeiterzahl von 300 auf 190 reduziert. Die Arbeit blieb gleich, und wir haben es geschafft, dass diese 190 Mitarbeiter die gleiche Arbeit machen konnten wie vorher 300!« »Oh«, sagte ich, »wie konnten Sie denn ihre Mitarbeiter, die jetzt noch da sind, motivieren, dass sie mehr Leistung bringen bzw. die 110 fehlenden Kollegen ersetzen?« »Indem ich ihnen klargemacht habe, dass sie entweder mitziehen oder gehen können«, war die Antwort. Und weiter: »Außerdem habe ich dafür gesorgt, dass unser Betriebsrat so viel Arbeit bekam – den habe ich quasi zugebombt mit Arbeit –, dass er absolut keine Lust mehr auf diese Position hatte. Letztlich hat er das Handtuch geschmissen, und wir haben nun keinen Betriebsrat mehr im Unternehmen.«

Diese Zeilen dürfen Sie gern einen Moment auf sich wirken lassen …

Ich war erschrocken. Er arbeitete mit Angst, Druck und Androhung von Konsequenzen, wenn die Arbeit nicht so gemacht würde, wie er es wollte. Dieses Führungsmodell sollte wohl das »autokratische« sein, doch besser passen würde: »Unterdrückung der Mitarbeiter«. Den Betriebsrat abzuschaffen, um ohne Gegenwehr noch mehr durchsetzen zu können: Das halte ich für eine Variante, die dem Untergang geweiht ist. Als noch schlimmer empfand ich aber, dass andere Unternehmer um uns herum applaudierten und ihm auf die Schulter klopften für seine tolle Leistung. In diesem Moment fühlte ich mich unwohl in der kleinen Unternehmerrunde an der Theke. Wie Unternehmer andere Unternehmer feiern können, wenn diese ihre Mitarbeiter unterdrücken, kann ich beim besten Willen nicht nachvollziehen, geschweige denn unterstützen. Ab diesem Zeitpunkt wusste ich, dass ich mit den vier Unternehmern, mit denen ich da zusammenstand, nicht weiter darüber diskutieren wollte, was gut ist für die Mitarbeiter und was nicht. Denn diese Unternehmer sahen ihre Mitarbeiter nicht als Individuen und als die Basis für ihren Erfolg, sondern allesamt als Klotz am Bein. Dieses Erlebnis war für mich prägend, und noch heute bekomme ich einen Kloß im Hals, wenn ich mir dieses spezielle unternehmerische Selbstverständnis vergegenwärtige.

Doch Gott sei Dank gab es bei dieser Veranstaltung auch Unternehmer mit einer anderen Vorstellung von Mitarbeiterführung. Ich führte den restlichen Abend noch sehr spannende Gespräche, woraus sich mit zwei Unternehmen neue Projekte entwickelten. Meine Erfahrungen dort bestärkten mich darin, dass sich unbedingt in einigen Unternehmen was ändern muss – und ich wollte dafür kämpfen. Es wurde mir nochmal bewusster, dass es meine Aufgabe ist, Unternehmer zu erreichen, um ihnen klarzumachen, wie viel mehr Erfolg sie haben würden, wenn ihre Mitarbeiter sie als Stars feiern, statt vor ihnen Angst zu haben. Unternehmern zu vermitteln, dass die Mitarbeiter keine Selbstverständlichkeit sind, sondern der entscheidende Faktor in jedem Unternehmen: Das ist manchmal eine schwierige Aufgabe. Dass gute Mitarbeiter heutzutage schwer zu finden sind, das wissen interessanterweise ganz viele

Unternehmer. Doch wie sie mit ihren Mitarbeitern umgehen müssen, damit diese auch bei ihnen bleiben und sie sogar als Stars feiern, das wissen die wenigsten.

Daher schauen Sie einmal genau, ob Ihr Selbstverständnis als Unternehmer zu Ihrer Vision passt. Achten Sie darauf, wie Sie nach außen auftreten und welche Worte sie nutzen. Ich weiß, dass man schnell in Gesprächen in eine ungewollte Richtung gedrängt werden kann. Doch wenn Sie es ernst meinen, wenn Sie Ihr Unternehmen voranbringen wollen und Sie wirklich Fans generieren möchten, dann zeigen Sie Rückgrat! Bleiben Sie standhaft, vertreten Sie Ihre Position und nehmen Sie menschenverachtenden Unternehmern den Wind aus den Segeln. Ich bin mir sicher, das wird zum Erfolg führen. Denn auch wenn Sie sich auch nach außen ganz klar für die Belange ihrer Mitarbeiter einsetzen, dann stärkt das Ihr Ansehen im eigenen Unternehmen.

Was tun Sie bereits für Ihre Mitarbeiter?

Dienstwagen, -handy, -laptop, Urlaubs- und Weihnachtsgeld, Gleitzeit, Getränke gratis, Weiterbildung, Provision, Gutschein fürs Fitnesscenter … Ist Ihnen bewusst, was Sie bereits alles für Ihre Mitarbeiter tun? Oder, besser gefragt, ist es Ihren Mitarbeitern bewusst?

Leider haben wir Menschen einen Hang dazu, Dinge schnell als selbstverständlich anzusehen. Freiwillige Leistungen, die regelmäßig gegeben werden, werden als gesetzt und dauerhaft gültig verstanden. Kaum ein Mitarbeiter weiß, wie viel Urlaub das Gesetz vorschreibt (aktuell ist es ein Minimum von 20 Urlaubstagen pro Jahr), und so kann er auch kaum wertschätzen, dass die individuelle Regelung quasi ein Bonus ist. Sicherlich ist es gut, dass manche Dinge nicht mehr hinterfragt werden, auch seitens der Arbeitgeber. Jedoch sollten Sie versuchen, bei Ihren Mitarbeitern ein Bewusstsein für die Goodies wachzuhalten. Denn sonst werden auch weitere Aktionen und Maßnahmen, die Sie zur Mitarbeitermotivation einsetzen, schnell zur Selbstverständlichkeit. Sie müssen also *immer mehr* drauflegen,

Mitarbeiterin beim EMS-Training

um Ihre Mitarbeiter zu motivieren. Das wird ein Hamsterrad, das sich immer schneller dreht und Ihnen letztlich keine Erfolge bringt.

Wenn Sie es schaffen, Ihre Mitarbeiter für Ihre Idee zu begeistern und sie zu Fans Ihres Unternehmens zu machen, dann sind die Sachwerte nebensächlich. Dann sind die Menschen engagiert und voller Tatendrang, um gemeinsam etwas zu bewegen. Dann bringen sie Ihr Unternehmen voran, auch ohne Tantieme. Bis Sie aber an diesem Punkt angelangt sind, dauert es eine Weile. Sie haben so viele Ideen und Gedanken in diesem Buch gelesen. Diese alle umzusetzen, zu verinnerlichen und als neue Unternehmenskultur zu etablieren ist nicht von heute auf morgen gemacht. Realistisch gesehen sollten Sie mehrere Jahre für den Entwicklungsprozess ansetzen, und letztendlich werden Sie nie an seinem Ende angelangt sein. Denn genau die dynamische Weiterentwicklung Ihres Unternehmens ist es ja, was wir mit den Veränderungen erreichen wollen.

Sie müssen von der Ist-Situation ausgehen, sie für sich nutzen. Machen Sie Ihren Mitarbeitern doch auf lustige und freundliche Art bewusst, was sie bereits alles erhalten. Wie wäre es beispielsweise mit einem symbolischen Scheck mit Schleife drum und ein paar persönlichen Zeilen zum Urlaub, statt das Urlaubsgeld nur stillschweigend zu überweisen? Bereiten Sie sich und Ihren Kollegen eine Freude, indem Sie Grußkarten, die aus dem Urlaub geschickt wurden, gut sichtbar aufhängen. Das fördert sicherlich auch das Wir-Gefühl. Wenn Sie Ihre Mitarbeiter in Sachen Sport regelmäßig finanziell unterstützen, dann lassen Sie sich auch da etwas Kreatives einfallen, damit diese Maßnahme bewusster wahrgenommen wird. Wie wäre es mit einer betriebsinternen Challenge bezogen auf Trainingszeiten oder Laufkilometer? Oder Sie verteilen Tennisbälle mit Monat und Jahr darauf als Erinnerung, dass auch im kommenden Monat der Sport gefördert wird. Und um den Dienstwagen wieder als Goody ins Bewusstsein zu rücken, böte sich ein Gutschein für eine Autowäsche oder für praktische Accessoires an.

Stellen Sie Ihr Licht nicht unter den Scheffel! Sie machen bereits viel für Ihre Mitarbeiter, Sie engagieren sich für sie und wollen ihnen das bestmögliche Arbeitsumfeld schaffen. Dann dürfen Sie auch immer mal wieder zeigen, WAS Sie schon alles tun, und die Selbstverständlichkeiten wieder ins Bewusstsein rücken. Es geht dabei nicht darum, dass Sie von Ihren Mitarbeitern Dankbarkeit erwarten oder ihnen gegenüber belehrend aufzählen, was schon alles gemacht wird. Nein, es geht darum, freundlich und unterschwellig dafür zu sorgen, dass die bestehenden Leistungen auch weiterhin *gesehen* werden. Es schadet nicht, den Mitarbeiter ab und zu mal mit einem kleinen Stupser an diese Leistungen zu erinnern. Ein Fan zu sein heißt schließlich auch, seinem Star gegenüber mal ein »Danke« zu äußern. Und jetzt mal ganz ehrlich – wie würde es sich anfühlen, wenn der Mitarbeiter zu Ihnen sagt: »Danke, lieber Chef, dass ich den Firmenwagen bekommen habe« (oder alternativ die fünf Tage Urlaub extra im Jahr oder die Bonuszahlung) oder auch »Danke, dass ich hier arbeiten darf!«? Dankbarkeit ist auch für jeden Chef, für jeden Abteilungsleiter, für jeden Unternehmer das größte Lob!

»Einfach mal machen …«

Einstellung von Christian Brink

Was wäre, wenn ...

Stellen Sie sich mal vor, Ihre Firma wäre ein Spitzenunternehmen. Nicht dass sie dies vielleicht sogar schon ist, doch selbst dann: Was wäre, wenn in Ihrem Unternehmen nur Fans arbeiten würden? Und wenn Ihr Unternehmen der Star wäre, dem jede Mitarbeiterin oder jeder Mitarbeiter gern begegnen möchte? Wenn Ihre Fans Überstunden machen würden, ohne dass es sich danach anfühlt. Was würden Sie davon halten?

Vielleicht sollten wir erst mal den Begriff Fan klären. Wann ist man eigentlich ein *Fan*?

Ein Fan ist ein Mensch, der eine emotionale Beziehung zu einem bestimmten Objekt der Begierde hat, ob nun über einen kurzen oder über einen längeren Zeitraum. Das Objekt kann eine Sache sein, eine Person, eine Mannschaft, ein Land – was auch immer. Jeder Fan hat eine ganz individuelle, persönliche Bindung zum Fanobjekt. Und er investiert Ressourcen wie Zeit oder Geld, um seinem Fanobjekt nahe zu sein. Gleichgesinnte Fans finden sich oft in Fanclubs zusammen und feiern ihre Idole mit bestimmten Ritualen oder Veranstaltungen. Eine Fankultur entsteht. Ein klassisches Beispiel sind Fußballfans, die ihren Mannschaften quer durch die Republik hinterherreisen oder sogar Zeit und Kosten aufwenden, um die Fußball-Weltmeisterschaft zu besuchen, die spätestens seit dem »Sommermärchen« 2006 in Deutschland noch ausgeprägter in der Öffentlichkeit gefeiert wird.

Wie muss eine Firma oder ein Unternehmen aufgestellt sein, um zum Star der Unternehmerwelt zu werden? So vielfältig, wie wir

Menschen sind, so vielfältig sind auch die Vorstellungen diesbezüglich. Ich möchte Ihnen gern meine Vorstellung von einer Wunschfirma beschreiben und sie im Folgenden visualisieren. Nehmen Sie meine Vision als Beispiel oder als Idee für Ihr Unternehmen, um es zu einem Star zu machen:

Fangen wir mal ganz vorne an. Unser imaginäres Starunternehmen existiert schon. Ich nenne es die Erfolgsfabrik und bin ihr Geschäftsführer. Wir bieten in unserer Erfolgsfabrik hochwertige Dienstleistungen für kleine und mittelständische Unternehmen an. Wir haben etwa 80 Mitarbeiter und ein eigenes Bürogebäude mit weitläufigem Außengelände. Es ist Montagmorgen kurz nach 8 Uhr, ich bin spät dran und muss einen Parkplatz suchen. Zu viele sind bereits vor mir da, und extra reservierte Parkplätze für Management oder Geschäftsleitung gibt es bei uns nicht. Wir halten es für angemessen, dass jeder im Unternehmen gleich behandelt wird. Und das fängt schon beim Parkplatz an. Zur gleichen Zeit trudeln immer mehr Mitarbeiter des Unternehmens ein, und man begrüßt sich freundlich auf dem Parkplatz. Auch ich grüße mit Namensnennung des Mitarbeiters und werde umgekehrt begrüßt. Dieser Start am Montagmorgen mit gut gelaunten Mitarbeitern fühlt sich für mich als Geschäftsführer gut an. Die Woche kann beginnen.

Grundsätzlich werden in meinem Unternehmen Freundlichkeit, Kommunikationsbereitschaft, Hilfsbereitschaft und das Miteinander großgeschrieben. Mit diesem guten Gefühl gehe ich nun zu meinem Arbeitsplatz in mein Büro, wo mir meine Sekretärin schon einen »Guten-Morgen-Kaffee« platziert hat. Nach dem Kaffee und einem kurzen Check meiner E-Mails begebe ich mich auf meinen Rundgang durch das Unternehmen. Das ist schon zum Montagmorgen-Ritual geworden. Ich begrüße alle Abteilungen und frage nach dem Stand der Dinge. Ich frage nach, wie es meinen Mitarbeitern geht, und horche, ob es Probleme gibt und wie ich bei der Lösungsfindung helfen kann. In der Marketingabteilung hat es etwas länger gedauert. Das Kind einer Kollegin ist krank geworden, und wir mussten eben klären, wie sie ihre Projekte von zu Hause aus weiter betreut, wer ihren Kundentermin am Nachmittag wahrnimmt. Parallel habe ich den Kontakt zu meinem Arzt hergestellt, der bestens vernetzt ist und uns so einen kurzfristigen Termin beim entsprechenden Facharzt organisieren konnte. Bis ich alle Abteilungen »durchhabe« und wieder in meinem Büro bin, ist der Vormittag fast rum. Doch das ist okay, denn ich möchte für meine Mitarbeiter da sein. Sie sollen wissen und spüren, dass mir ihre Arbeit wichtig ist und dass jeder in unserem Team einen wichtigen Beitrag für das gesamte Unternehmen leistet. So kann ich gut informiert in die Woche starten.

Heute ist allerdings nicht irgendein Montag, sondern der erste Montag im Monat, unser Teamleiter-Tag. Alle Teamleiter in meinem Unternehmen kommen zusammen und berichten, wie der vorangegangene Monat gelaufen ist. Hier werden die Höhen und Tiefen besprochen, die jede Abteilung durchläuft. Wie die Auftragslage aussieht, wie sich die Projektarbeit gestaltet, ob es Schwierigkeiten gibt intern oder extern. Standard, denken Sie? Ein guter Anfang, wenn Sie regelmäßige Meetings durchziehen, so meine Meinung. Doch unsere Treffen sind anders. Das Meeting findet in einem bunt gestalteten Kreativraum statt. Jeder kann hier seine Kreativität ausleben. Dieser Meetingraum soll Platz für Ideen geben. Hier darf sich jeder frei entfalten, Ideen einbringen und auch konstruktive Kritik äußern. Denn konstruktive Kritik heißt Verbesserung fürs Unternehmen. Das Meeting ist zeitlich begrenzt, und jeder kommt zu Wort. Zu Beginn werden ein Zeitmanager und ein Wohlfühlmanager auserkoren. Der Zeitmanager achtet penibel auf Einhaltung der Redezeiten. Da bekomme auch ich des Öfteren mal eine Verwarnung. Der Wohlfühlmanager schaut auf die Atmosphäre. Wann wird es hitzig, wann ist eine Pause angebracht, sind alle Kollegen noch mit vollem Elan dabei? Mir ist es wichtig, dass eine positive Atmosphäre herrscht. Ansonsten können wir nicht kreativ, konstruktiv und erfolgreich zusammenarbeiten. Unser Meetingraum wird tagtäglich genutzt. Denn das, was ich mit meinen Teamleitern bespreche, kommunizieren sie auf dieselbe Weise weiter in ihr jeweiliges Team. Schließlich sind es die Teammitglieder, die die Wünsche und Aufgaben umsetzen. Auch hier gibt es klare Redezeiten, jeder kommt zu Wort, jeder darf sein Statement einbringen und konstruktive Kritik äußern, um das Unternehmen voranzubringen. Das ist ein festgesetztes Ritual; es hat sich in unserem Unternehmen etabliert und wird bei allen Mitarbeitern sehr gut angenommen. Dabei handelt es sich nicht um einen einseitigen Informations- und Kommunikationsfluss. Wenn Ideen aus unserem Teamleitermeeting von Teammitgliedern als wenig erfolgsversprechend, unpraktikabel oder aufgrund der aktuellen Situation nicht umsetzbar angesehen werden, dann wird der Ball auch zurückgespielt. Manchmal gibt es eine Dreierkonferenz, und der Teamleiter, der Mitarbeiter und ich stecken unsere Köpfe zusammen und tauschen Argumente aus.

Ich kann mir nichts Schlimmeres vorstellen, als von oben herab einfach nur zu diktieren, während meine Mitarbeiter nicht wissen, *warum* sie etwas tun, und vor allen Dingen, *für wen* sie es tun. Meine Mitarbeiter sind aufgefordert, sich einzubringen, und haben keinerlei Hemmungen davor, den Ideen oder Vorgaben »von oben« zu widersprechen und aus einem anderen Blickwinkel zu betrachten. Diese Diskussionen machen mir richtig Freude, denn sie zeigen stets viele neue Perspektiven auf, wie sie das Unternehmen schon deutlich vorangebracht haben.

Wenn ich am frühen Nachmittag aus meinem Fenster auf den Firmenparkplatz schaue, sehe ich ein munteres Kommen und Gehen. Ich habe die Arbeitszeiten in unserem Unternehmen flexibel gestaltet. Jeder hat zwar eine festgesetzte wöchentliche Arbeitszeit, doch wann er diese einbringt, kann er frei wählen. Was bringt es mir, wenn ich einen Langschläfer morgens um 8 Uhr antanzen lasse oder wenn ich einen Frühaufsteher bis 19 Uhr im Büro halte? Unser Biorhythmus bestimmt auch unsere Leistungsfähigkeit. Wichtig ist mir, dass Projekte, die angefangen wurden, auch zu Ende gebracht werden. Zu welcher Tageszeit das geschieht, ist mir gleich. Ich hatte auch schon einen Kollegen, der eine Zeit lang nachts gearbeitet hat. Er war gerade Papa geworden, und das Baby schlief noch nicht durch. So haben er und seine Frau die Tage in Schichten eingeteilt, sodass beide genügend Schlaf und genügend Zeit für die Arbeit hatten. Eine sehr kreative Tagesgestaltung. Hier habe ich volles Vertrauen in meine Mitarbeiter. Projekte werden natürlich realistisch terminiert, und die Termine werden auch eingehalten. Wann daran gearbeitet wird, bestimmen die Mitarbeiter selbst. Ab und an werden auch Homeoffice-Zeiten eingereicht. Das ist natürlich jederzeit möglich. Doch meine Mitarbeiter und ich im Besonderen, wir schätzen das Miteinander in der Erfolgsfabrik sehr. Somit sind Homeoffice-Zeiten eher selten und auch nicht allzu beliebt.

Unser Unternehmen befindet sich zwar im externen Wettbewerb, doch intern schüren wir kein Konkurrenzdenken. Bei uns zählen Leistung und faire Kommunikation. Natürlich soll es auch Aufstiegschancen geben, doch eben im Sinne des Unternehmens und der Gemeinschaft. Ellenbogenmentalität oder ein Pochen auf Betriebszugehörigkeit etc. haben bei uns nichts zu suchen. Jeder bekommt seine Chance, wenn er den Willen und die erforderlichen Fähigkeiten besitzt. Das mache ich bereits beim Personal-Recruiting sehr deutlich. Unruhestifter haben in unserem Unternehmen nichts zu suchen, und da bin ich dann auch schnell in meinen Entscheidungen.

Wenn es unter den Mitarbeitern ein Problem gibt, dann sind die Abteilungsleiter oder Teamleiter dazu angehalten, dieses umgehend zu klären. Manchmal sind es nur kleine Missverständnisse, die die Stimmung im Team beeinflussen. Hier reagieren wir unverzüglich. Das ist uns möglich, weil wir einen sehr engen und vertrauensvollen Umgang untereinander haben, sodass Missstimmungen sofort auffallen. Mir ist es wichtig, dass die Teamleiter immer wissen, wie es ihren jeweiligen Mitarbeitern geht. Jeder in unserem Unternehmen und vor allem in der Führungsebene wird sehr gut geschult, sodass die Teams gut geführt werden. Gute Führung ist einer der wichtigsten Punkte in unserem Unternehmen. Vor allem die zwischenmenschliche Kommunikation, das Verständnis für die anderen, die Empathie und das Mitmenschliche werden bei uns aktiv trainiert. Sie müssen auf die Mitarbeiter eingehen können und sich einlassen können, wenn Sie ein echtes Team mit Zusammenhalt wünschen. Da muss die Führungsebene top sein.

Ein wichtiges Anliegen ist mir, den Mitarbeitern kreatives Arbeiten zu ermöglichen. In weiteren Kreativräumen können Mitarbeiter 20 % ihrer Arbeitszeit dafür nutzen, kreativ an neuen Projekten für das Unternehmen zu arbeiten, zu recherchieren, zu visionieren. Mein Vorbild dafür ist das Unternehmen Google. In diesem Raum können meine Mitarbeiter kreativ arbeiten und gleichzeitig Projekte für unser Unternehmen entwickeln. Diese Kreativräume können natürlich auch für Meetings genutzt werden oder für Kundenbesprechungen. Und wenn der Kopf mal gar nicht mehr mag, dann geht es raus an die frische Luft. Auf unserem Firmengelände gibt es einige schöne Sitzecken, und der nahegelegene Wald ist ideal für einen kreativen Spaziergang, um wieder auf neue Ideen zu kommen.

Wann waren Sie das letzte Mal im Kino? Ich vor drei Tagen. Denn ein besonderes Highlight in unserem Unternehmen ist unser firmeneigenes Kino. Wir zählen es zu den Kreativräumen und nutzen es auch für Produktpräsentationen Kunden gegenüber. Neukunden sind stets überrascht, denn ein Kino in einem Unternehmen ist ja durchaus ungewöhnlich. Zu Firmenfeiern können sich die Mitarbeiter wünschen, welche Filme laufen. Unsere Mediathek ist schon recht umfassend, und so treffen sich einige Mitarbeiter nach Feierabend, um ihre Lieblingssendung gemeinsam zu schauen. Tatsächlich ist das Kino sonntagabends gut besucht, wenn der *Tatort* läuft.

Unsere Erfolgsfabrik macht knapp 60 Millionen Euro Umsatz im Jahr. Da können Sie ahnen, dass unsere Mitarbeiter echte Leistung bringen. Wer viel arbeitet, braucht auch mal Ruhe. Daher haben wir es uns nicht nehmen lassen, einen Ruheraum für die Mitarbeiter einzurichten. Zahlreiche Studien von Schlafforschern aus Harvard, Oxford und anderen renommierten Universitätsstandorten sowie Institutionen belegen die positive Wirkung eines sogenannten Powernaps, eines Schläfchens zwischendurch. Das Gedächtnis wird besser, das Gehirn kreativer, die Konzentration fällt leichter. Für Mitarbeiter, bei denen die Konzentration nachlässt, die sich aber nicht hinlegen möchten, haben wir ein kleines Fitnessstudio eingerichtet, ebenfalls nach dem Vorbild US-amerikanischer Unternehmen. Auch ich nutze die Angebote mal so und mal so. Ein Powernap zwischendurch geht immer. Wenn die Konzentration nachlässt und die Zeit es zulässt, absolviere ich eine Runde im Trainingsraum. Anschließend kurz duschen, und dann geht es wieder frisch ans Werk. Mit einigen Kollegen treffe ich mich zwei Mal in der Woche zu einer kleinen Sportgruppe. Die Mitarbeiter lieben diese Konzeption, denn sie müssen nicht mehr nach der Arbeit ein Fitnesscenter aufsuchen. Stattdessen takten sie ihre Trainingszeiten passend zu den Anforderungen im Job. Das ist ideal, denn so bleiben sie fit und nutzen den Tag bestmöglich. Ein weiterer Vorteil des gemeinsamen Trainings ist der zwanglose Austausch nebenbei. Dabei entstehen großartige Ideen, die man direkt nach dem Training umsetzen kann. Ich bin schon einigen Kollegen begegnet, die nach einer Trainingseinheit noch mal schnell ins Büro gegangen sind, um ihre Ideen festzuhalten.

Langjährige Freundschaften und Beziehungen sind in unserem Unternehmen entstanden. Es gibt sogar schon den ersten unternehmensinternen Nachwuchs, da zwei Kollegen hier nicht nur ihren Job, sondern auch die Liebe fürs Leben gefunden haben. Für mich ist ein ganzheitliches Miteinander wichtig, damit sich meine Mitarbeiter wohlfühlen und gegenseitig unterstützen. Nur dann komme auch ich gern in mein Unternehmen.

Ein schöner Ort, um zu kommunizieren, ist auch unsere großartige Kantine. Hier werden die Mitarbeiter tagtäglich mit leckeren

Mahlzeiten versorgt. Von der klassischen Currywurst bis hin zu gesunden Salaten gibt es eine sehr breite Auswahl. Die frische Zubereitung ist mir dabei sehr wichtig. Die Gesundheit meiner Mitarbeiter

liegt mir am Herzen, denn nur gesunde Arbeiter sind auch leistungsfähig – und sprühen nur so vor Ideen. Wenn Sie sich jetzt über die Currywurst wundern: Auch die lässt sich frisch und gesund zubereiten, mit weniger Fett. Doch zum Wohlfühlen gehört auch, dass ich meinen Mitarbeitern nichts diktiere. Verständnis entsteht oft von allein, wenn man dem anderen den richtigen Weg vorlebt.

Weil mir die Gesundheit wichtig ist und ich mich nicht um alles selbst kümmern kann, haben wir ein Team für das Betriebliche Gesundheitsmanagement gebildet. Es kümmert sich um alle gesundheitlichen Belange der Mitarbeiter und plant sämtliche entsprechende Maßnahmen im Unternehmen.

Vor circa einem halben Jahr kamen einige junge Mütter auf mich zu, die bei uns im Unternehmen arbeiten, und baten mich um Hilfe. Es sei sehr schwer, Plätze in Kindertagesstätten oder Krippen zu bekommen. Insbesondere wenn man deren Leistung auch zeitlich etwas flexibel beanspruchen möchte. Daher haben wir eine eigene Kindertagesstätte in unserem Bürokomplex integriert, die allen Mitarbeiterinnen und Mitarbeitern kostenlos zur Verfügung steht. Das sorgte für eine immense Erleichterung für unsere Eltern, vor allem bei unseren jungen oder auch alleinerziehenden Müttern. Sie können nun ganz entspannt und sorgenfrei Familie und Beruf kombinieren. Wie schön es ist, wenn die Familien gemeinsam mittagessen, können Sie bei uns täglich erleben!

So gut es bei uns auch läuft und so wohl sich die Mitarbeiter auch fühlen, es kommt immer mal der Tag, an dem Veränderungen erwünscht sind. Daher ist eines unserer neusten Projekte, unsere Mitarbeiter bei eigenen Firmengründungen zu unterstützen. Warum auch nicht? Ein Mitarbeiter hatte im Verlauf eines Projekts eine bahnbrechende Idee und wollte sich gern damit selbständig machen. Statt sich zurückzuziehen und anderweitig einzubringen, fragte er mich offen und vertrauensvoll nach einer finanziellen Unterstützung. Sein Vertrauen machte mich unendlich stolz. So schlug ich ihm kurzerhand vor, dass wir als großes Unternehmen ihn als Start-up unterstützen und gleichzeitig sein Unternehmen als Tochterfirma in unserer Gruppe integrieren. Er überlegte kurz – und sagte zu. Er war begeistert von dieser Idee und freute sich, dass auch ich an ihn glaubte. So konnte ich gleich mehrere Fliegen mit einer Klappe schlagen. Ich behielt meinen sehr guten Mitarbeiter, bot ihm die Herausforderung und Chance, die er suchte, und konnte gleichzeitig mein Unternehmen erweitern. Wir unterstützen ihn bei der Umsetzung seiner Idee, gleichzeitig hat er komplette Entscheidungsfreiheit für sein kleines Unternehmen. Dass wir eine vertragliche Regelung getroffen haben, versteht sich natürlich von selbst. Für mich ist es das Größte, andere Menschen zu unterstützen und ihnen dabei zu helfen, zu wachsen. Mittlerweile sind so schon drei neue Unternehmenspflänzchen im Wachsen, und alle tragen unsere Philosophie weiter.

In der Besprechung der Teamleiter heute Morgen ging es auch um das Thema für das jährliche Betriebsfest. Das ist der wichtigste Tag im Jahr, denn dann kommen alle Mitarbeiter mit ihren Familien und zeigen ihnen, wo sie arbeiten, mit wem sie arbeiten und dass ihr Chef ganz okay ist. Dieses Betriebsfest sieht bei uns jedes Jahr anders aus. Mal findet es im Unternehmen statt, mal buchen wir ein Hotel oder wir planen mit einer Veranstaltungsagentur einen ganzen Tag nur für die Mitarbeiter und deren Familien. Das Planen dieser Feier mit meinen Mitarbeitern ist eine große Freude für mich, denn hier kann jeder seiner Fantasie freien Lauf lassen.

Sie kennen das vermutlich auch. Als Inhaber oder Geschäftsführer ist man in der Regel der Erste, der kommt, und der Letzte, der geht. Wie schon beschrieben, ist es bei uns etwas anders durch die flexiblen Arbeitszeiten. Doch es gibt auch Tage, an denen mir auffällt, dass einer der Frühaufsteher-Kollegen noch bis spätabends im Büro ist. Das macht mich stutzig, und ich gehe dem nach. Manchmal sind sie so vertieft, dass sie nicht merken, wie die Zeit vergeht. Dann erinnere ich sie an Familie und Freizeit und schicke sie nach Hause. Einige Mitarbeiter, die immer etwas länger bleiben, schmunzeln dann immer ein wenig: »Ach, wo ist denn nur die Zeit hin?« Diesen Mitarbeitern gilt mein größter Dank. Manchmal ist es auch ein persönliches Problem, das diese Mitarbeiter dazu bewegt, länger im Büro zu bleiben. Dann horche ich, wo der Schuh drückt, und schaue, ob ich helfen kann.

Grundsätzlich bedanke ich mich immer bei meinen Mitarbeitern dafür, dass sie für unsere Unternehmen da sind, für die gute Arbeit, die sie leisten, und für das Vertrauen, das sie in mich haben. Damit warte ich allerdings nicht bis zum Jahresgespräch, sondern ich binde den Dank jede Woche ein. Es gibt oft genug Meetings, Gespräche oder ein Treffen in der Kantine, bei denen ich meinen Dank loswerden kann. Ich halte Lob immer noch für die höchste Würdigung anderen gegenüber.

Auch die finanzielle Würdigung sollte aber nicht außer Acht gelassen werden. Ich bin überzeugt, dass echte Motivation nicht käuflich ist, und doch ist für viele Mitarbeiter das Gehalt ein wichtiges Argument. Dabei geht es natürlich auch um existenzielle Sicherheit. In unserem Unternehmen gibt es ein Basisgehaltsmodell. Zu diesem Basisgehalt kommen Extra-Zahlungen bei erfolgreichem Abschluss eines Projekts. Wenn am Ende des Jahres die Jahresziele des Unternehmens erreicht wurden, gibt es eine Bonuszahlung. Schießen wir sogar darüber hinaus, gibt es höhere Bonuszahlungen für alle Mitarbeiter. Außerdem bieten wir Weihnachtsgeld und Urlaubsgeld. Es ist also kein Wunder, dass wir kaum Mitarbeiterfluktuation und – im Gegenteil – stets viele Bewerbungen zu verzeichnen haben.

Personal-Recruiting ist Chefsache. Bei Neueinstellungen lasse ich es mir nicht nehmen, die Bewerber persönlich kennenzulernen, um mir ein Bild zu machen und zu prüfen, ob diese Person zu unserem Unternehmen passt. Meine Mitarbeiter genießen mein Vertrauen, aber sie müssen es sich natürlich erst einmal erarbeiten. Daher ist es mir wichtig, von Anfang an die richtigen Personen für mein Unternehmen und die Aufgaben zu finden und einzustellen. Letztendlich wirkt sich eine Fehlentscheidung auch auf die Stimmung im Team aus und kann zu zusätzlichen Belastungen führen. Das muss ich vermeiden. Wenn es darum geht, meine Mitarbeiter nach der A-B-C-Personal-Strategie von Prof. Dr. Jörg Knoblauch zu unterteilen, dann würde ich aktuell sagen: Ich habe 80 % A-Mitarbeiter und 20 % B-Mitarbeiter, aber keine C-Mitarbeiter. Ich glaube, mit diesem Verhältnis habe ich durchaus mehr Fans als bloße Mitarbeiter in meinem Unternehmen. Dies können wir auch belegen, anhand eines Krankenstands von unter 1 % und einer Mitarbeiterzufriedenheit von über 90 %.

Das ist meine Vision eines Wunschunternehmens, meiner Erfolgsfabrik. Tatsächlich gibt es einige Unternehmen weltweit, die ähnlich agieren und mit dieser Philosophie erfolgreich sind. Beispielsweise das kanadische Unternehmen DLGL ...

Würden Sie nicht selbst auch gerne in einem solchen Unternehmen arbeiten, wie ich es hier skizziert habe?

Schlusswort

Mein Fazit zum Thema »Mitarbeiter oder Fan?« ist ganz klar: Wenn Sie statt Mitarbeitern Fans im Unternehmen haben, dann profitieren Sie davon auf allen Ebenen.

Sie können davon ausgehen, dass sich die Mitarbeiterfluktuation auf einem minimalen Niveau einpendeln wird. Alle Mitarbeiter im Unternehmen werden sich stärker einbringen, mehr engagieren, besser und positiver kommunizieren, nach innen und nach außen, im und über das Unternehmen. Ihre Mitarbeiter, nein, Ihre Fans werden zum Markenbotschafter. Sie und Ihr Unternehmen werden besser vor Angriffen von außen geschützt sein, da die Mitarbeiter Sie verteidigen werden. Die Loyalität wächst, und auch in der Freizeit zeigen Ihre Mitarbeiter die große Bindung an ihren Arbeitgeber. Ihre Mitarbeiter werben quasi automatisch neue Kollegen an, weil sie von ihrer Arbeitsstelle und der Arbeitsatmosphäre überzeugt und begeistert sind und das auch ausstrahlen. Denn Fans folgen Fans. Fachkräftemangel wird für Sie zum Fremdwort werden, denn durch das gute Arbeitgeber-Image *wollen* die Menschen bei Ihnen arbeiten. Wer viele Fans hat, macht die Menschen draußen neugierig. Wird positiv über ein Unternehmen gesprochen, so zeigt dies deutlich, dass einiges richtig laufen muss. Ihre Fans werden durch konstruktive Kritik und Ideen Innovationen voranbringen und Abläufe verbessern. Auch werden sie das Unternehmen nicht sofort verlassen, wenn es mal Schwierigkeiten geben sollte, sondern gemeinsam mit Ihnen vertrauensvoll Lösungen finden.

Wenn Ihre Fans Sie feiern, begeistert sind, freudig von ihrer Arbeit berichten, dann hat dies immer einen positiven Effekt nach außen und betont den Erfolg Ihres Unternehmens.

Es liegt nun an Ihnen, die Weichen zu stellen, den richtigen Weg einzuschlagen und Ihr Unternehmen zum Erfolg zu führen. Dieser Weg wird nicht einfach sein, wird Zeit, Engagement und Umdenken fordern, doch er lohnt sich, wie Sie es bereits gelesen haben.

Ich freue mich, wenn Sie durch meine Anregungen die ersten Schritte machen, um attraktiver und erfolgreicher zu werden und Ihre Mitarbeiter zu Fans zu machen. Gern begleite ich Sie mit meiner Expertise und meinem Netzwerk einen Teil des Weges und unterstütze Sie, wo Bedarf ist. Lassen Sie uns gemeinsam die Arbeitswelt verbessern!

Anhang

Interviews: Unternehmerinnen und Unternehmer im Gespräch

»Mitarbeiter oder Fans?« – das ist mein Thema. Doch wie gehen Unternehmen heutzutage mit dieser Frage um? Was tun sie bereits, um ihre Mitarbeiter zu motivieren und zu Fans zu machen? Wie sehen ihre aktuellen Strategien aus? Und was bewegt und motiviert sie selbst, ihr Business voranzubringen? In meinem Podcast »Gesunde Unternehmen – Mitarbeiter oder Fans?« spreche ich darüber mit verschiedenen Unternehmerinnen und Unternehmern. Als Inspiration für Sie habe ich hier einige Interviews zusammengefasst. Natürlich gebe ich sie nicht 1:1, also wortwörtlich wieder, sondern in lesbarer Form. Wenn Sie den wahren Unternehmergeist spüren möchten, dann hören Sie sich die Folgen bei YouTube, Spotify, Anchor & Co. an. Denn die Atmosphäre aus diesen tollen Gesprächen lässt sich nicht auf Papier übertragen. Freuen Sie sich auf Ideen und Gedanken aus der Praxis! Und über eine 5-Sterne-Bewertung würde ich mich auch sehr freuen.

Alle vollständigen Interviews gibt es unter:
https://anchor.fm/christian-brink-01

Christian Böhlke – Vermögensberater

Seit mehr als elf Jahren ist Christian Böhlke für Unternehmen und Privatpersonen in Sachen Finanzen und Vermögen unterwegs. Seine Allfinanzberatung beinhaltet die Bereiche Altersversorgung, Immobilienfinanzierung, Geldanlage, Versicherungen, Factoring, Leasing und vieles mehr. Er arbeitet mit einem Team von über zehn Partnern und sorgt so für nachhaltige Erfolge für Unternehmen und Privatpersonen. Wir sprechen über Mitarbeiter oder Fans. Spannend, was Christian aus seiner Erfahrung zu diesem Thema bereithält.
Der Original-Podcast enthält zusätzlich drei Tipps von Christian Böhlke. Reinhören lohnt sich.

Was sind für dich gesunde Unternehmen?

Ein gesundes Unternehmen ist meiner Meinung nach ein Unternehmen, das Zeit hat für seine Mitarbeiter, seine Kunden und für die persönliche Weiterbildung. Sprich, das seinem Handwerk oder seiner Dienstleistung nachgeht und alle administrativen Prozesse drum herum professionell organisiert. Ich nehme mal ein klassisches Beispiel: Ein Handwerker fährt zu einem Interessenten raus, fährt anschließend zurück in die Firma, schreibt ein Angebot, und genau da fängt es für mich an, zu sagen, ich drucke es nicht mehr selbst aus und bringe es zur Post, sondern nutze die moderne Technik und lasse die Angebotsübermittlung andere für mich übernehmen. Die es schneller und effizienter erledigen. So bleibt dem Unternehmen mehr Zeit für die Kernkompetenzen.

Was macht ein gesundes Unternehmen aus?

Gesunde Unternehmen sind für mich Unternehmen, in denen sich Arbeitgeber und Arbeitnehmer auf ihre Arbeit freuen. Sie gehen morgens motiviert aus dem Haus, freuen sich auf den Tag und auf die Menschen, die sie treffen, auf die Kunden, auf die Arbeit als solche. Ein gesundes Unternehmen hat eine gute Stimmung im Betrieb. Klar, da scheint auch nicht immer die Sonne, da gibt es auch mal Differenzen, aber in der Masse ist die Stimmung gut. Für ein gesundes Unternehmen ist es auch wichtig, dass die Mitarbeiterinnen und

Mitarbeiter ein Stück weit mitbestimmen und mitgestalten dürfen. Denn jeder Mensch will persönlich wachsen. Das kennen wir aus der Natur. Denn alles, was nicht wächst, geht irgendwann ein, und so ist es auch mit den Mitarbeitern. Aus diesem Grund halte ich es für sehr wichtig, dass die Arbeitgeber dort zuhören, die Mitarbeiter miteinbinden. Die Mitarbeiter sind es, die tagtäglich die Arbeiten ausführen, Optimierungspotenzial schnell entdecken und somit zeitgleich die beste und günstigste Beratungsfirma für dein Unternehmen bilden. Sicherlich gehört auch finanzielle Gesundheit eines Unternehmens dazu. Das ist der Bereich, in dem ich unterwegs bin. Mein Firmenberatungskonzept startet ganz vorne, indem wir gucken, wie ist das Unternehmen eigentlich seitens Auskunfteien aufgestellt. Creditreform, CRIF Bürgel, bei Einzelunternehmen auch die Schufa. Diese Auskünfte sind einmal jährlich kostenfrei erhältlich. Meine Empfehlung an alle Unternehmen: Lassen Sie Ihre Auskünfte einmal im Jahr unaufgefordert Ihren Hausbanken zukommen. Ihre

Hausbanken werden erfreut sein, da Sie signalisieren, dass Ihnen die finanzielle Gesundheit Ihres Unternehmens am Herzen liegt. Gut gepflegte Auskunfteien helfen Ihrem Unternehmen, aufgrund der verbesserten Bonität leichter und konditionell bessere Leasing- und Finanzierungverträge zu bekommen.

*Was denkst du über Betriebliche Gesundheitsförderung, für wie
sinnvoll hältst du das?*

Betriebliche Gesundheitsförderung halte ich für sehr sinnvoll, da wir
in einer sehr leistungsorientierten Gesellschaft leben und unsere
Gesundheit das höchste Gut ist, das wir besitzen. Betriebliches Gesundheitsmanagement, wie du, Christian, es anbietest, kombiniert
mit guter Ernährung und ausreichend Bewegung, halte ich für sehr
wichtig. Doch damit das mit dem Betrieblichen Gesundheitsmanagement auch funktioniert, muss eine Führungskraft auch Zeit dafür
haben. Das ist das, was ich eingangs meinte mit Dingen, die ich aus-
lagern kann, um Zeit zu tauschen. Besser, man nutzt professionelle
externe Dienstleister und kümmert sich in der dadurch freiwerden-
den Zeit um die Mitarbeiter, denn die sind das größte Vermögen einer Firma.

*Du hast zwar keine Mitarbeiter, doch du hast vor einiger Zeit
auch als Angestellter gearbeitet. Warst du Fan des damaligen
Unternehmens?*

Während meiner Ausbildung und die ersten Jahre danach war ich
schon recht begeistert. Da war ich erst Mitarbeiter und dann ging es
in Richtung Fan, da mir die Arbeit auch sehr viel Spaß gemacht hat.
Nach der Übernahme habe ich mich Schritt für Schritt hochgearbei-
tet und war auch noch Fan, weil es gut vorwärts ging. Doch dann ist
etwas Einschneidendes passiert. Es wurden Qualifizierungsgesprä-
che eingeführt, mit denen das Unternehmen herausfinden wollte,
wo man sich in ein oder zwei Jahren sieht. Meine Vorstellung war
sehr klar, ich wollte Vorarbeiter werden. Nur mit der darauffolgen-
den Antwort »Du nicht« konnte ich nur schwer umgehen. Die gleiche Situation kam ein Jahr später wieder. Daraufhin habe ich für
mich die Entscheidung getroffen, das Unternehmen zu verlassen. Es
hatte einfach keinen Sinn mehr, und ich war dann auch kein Fan
mehr, sondern habe nur Dienst nach Vorschrift gemacht. Jeder hat
sein Leben selbst in der Hand, und es ist auch nie zu spät, etwas Neues zu beginnen. Du musst es nur tun.

Wenn du mit dem Gedanken spielst, Mitarbeiter einzustellen,
was würdest du tun, um deine Mitarbeiter zu Fans zu machen?

Ich glaube, ganz wichtig ist es, zuzuhören. Wo stehen die Mitarbeiter aktuell, wo wollen sie hin, und was wollen sie erreichen? Eine persönliche Stärken- und Zielanalyse hilft sehr gut, herauszufinden, was deine Mitarbeiter wirklich wollen und welche Stärken sie mitbringen. Auf Basis dieser Informationen lassen sich gute Teams zusammenstellen und individuelle Weiterbildungsmaßnahmen planen. Ein Mitarbeiter will vielleicht Führungskraft werden und der andere eher fachlich ein Spezialist auf seinem Gebiet. Wenn ich das als Unternehmen weiß, kann ich die individuellen Stärken meines Teams optimal zur Entfaltung bringen. Ein Umfeld zu schaffen, in dem die Mitarbeiter gerne zur Arbeit gehen und intrinsisch (von innen heraus) motiviert sind, ist, denke ich, der Schlüssel zum unternehmerischen Erfolg.

Was hätte denn dein damaliges Unternehmen machen müssen,
damit du geblieben wärst?

Es hätte mich ein Stück weit in die Position begleiten müssen, in die ich wollte. Oder mir eine Perspektive geben, wie ich meine Ziele in den nächsten Jahren hätte erreichen können. Und sie hätten mir auch begründen sollen, warum ich nicht als geeignet bewertet wurde. Nachdem ich gesagt habe, dass ich das Unternehmen verlasse, habe ich es erfahren. Man hat mit gesagt, dass meine Fachkompetenz an der Maschine benötigt wird, und da kein adäquater Ersatz für mich bereitstand, war ein Aufstieg zum Vorarbeiter nicht möglich.

Abschließend möchte ich mich bei allen Lesern bedanken und jedem Einzelnen maximalen Erfolg für sein Leben wünschen.

Melanie Weidel und Carsten Nitsch –
black & white Optik, Goslar

Melanie und Carsten sind Experten für scharfes Sehen auch am Arbeitsplatz. Ihr kleines Optiker-Fachgeschäft in der Goslarer Innenstadt bezeichnen sie gern als ihr Wohnzimmer. Kunden wie auch Mitarbeiter sollen sich hier in einladender Atmosphäre wohlfühlen. Seit Oktober 2017 beraten und verkaufen sie alles rund um die Brille. Die beiden haben sich den Traum vom eigenen Unternehmen erfüllt und ergänzen sich optimal. Melanie bringt 22 Jahre Berufserfahrung in der Augenoptik-Branche mit, Carsten sorgt als Stratege und Betriebswirt für die Wirtschaftlichkeit.

Ihr habt euer Business zusammen. Habt ihr denn auch Angestellte?

Melanie: Ja, wir haben einen Diamanten in unserer Firma. Für uns sind unsere Mitarbeiter unsere Rohdiamanten.

Meint ihr, dass eure Mitarbeiterin ein Fan von euch ist?

Melanie: Zu 100 Prozent. Sie identifiziert sich mit unserem Unternehmen.

Ist euer Geschäft stark von der Corona-Situation beeinträchtigt?

Melanie: Als Handwerks- und Gesundheitsbetrieb waren wir in der Corona-Zeit nicht von der Regierung angehalten zu schließen. Doch es waren ja alle angehalten sich zurückzuziehen, und so hatten wir nur Notöffnungszeiten: in der Woche an zwei Tagen für jeweils drei Stunden. Derzeit sind wir dabei, neue Öffnungszeiten zu kreieren, und das ist ein sehr spannender Prozess, bei dem wir unsere Mitarbeiterin natürlich mitnehmen müssen. Wir alle kennen es nicht anders, als dass wir im Einzelhandel die Geschäfte möglichst lange geöffnet halten sollten. So sind wir auch gestartet mit 9 bis 18 Uhr an Wochentagen und samstags 10 bis 14 Uhr. Doch in der prekären Situation, in der wir uns gerade befinden, ist es natürlich auch eine Unendlich-Schleife. Wir haben alle Kinder zu Hause, wir dürfen öffnen, doch was ist mit der Kinderbetreuung? Unsere Mitarbeiterin hat

Melanie links, Karsten rechts, Diamant in der Mitte

auch zwei Kinder. Und so kreieren wir gerade neue Öffnungszeiten. Ich denke, dass jeder seinen Umsatz, wenn die Menschen wieder mehr rauskönnen, auch an drei Tagen schaffen kann statt in einer Woche. Unser Geheimnis liegt darin, dass wir schon seit Anfang an mit Terminen arbeiten. Das kommt uns jetzt zugute. Die Kunden rufen an und vereinbaren ihren Termin.

Carsten: Wir haben relativ frühzeitig damit begonnen, unternehmerisch zu handeln, um uns gemeinsam für die nächste Zeit aufzustellen. Kostensenkung war ein großes Thema. Die Öffnungszeiten dementsprechend anzupassen, damit unsere Mitarbeiterin auch ihre Kinderbetreuung gewährleisten kann. Auch Homeoffice oder Telemedizin sind gerade in der Überlegung. Neuerungen bringen ja auch immer eine Chance mit sich, und die haben wir versucht, frühzeitig zu erkennen, und wir versuchen, uns entsprechend zu entwickeln.

Was macht ein gesundes Unternehmen für euch aus?
Melanie: Für mich persönlich macht es ein gesundes Unternehmen aus, wenn meine Mitarbeiterin morgens an die Tür klopft, kreischend in die Firma läuft und ruft »Juchu, ich bin wieder am Arbeitsplatz!«.

Carsten: Wir haben uns mit dieser Frage ja auch bei der Gründung 2017 schon explizit auseinandergesetzt. Was ist eigentlich ein gesundes Unternehmen? Wir haben das für uns in unserer Konstellation analysiert und uns entsprechend aufgestellt. Melanie als Gesicht, die das Unternehmen mit ihren Mitarbeitern verkörpert. Für mich aus kaufmännischer Sicht ist es ein gesundes Unternehmen, wenn es wirtschaftlich positiv dasteht. Unsere Unternehmensphilosophie gibt das für uns wieder. Klare Strukturen, umgeben von einem schönen Ambiente, gepaart mit Empathie und einer hohen Mitarbeiterzufriedenheit, ergeben eine optimale Kundenzufriedenheit. Da stecken die Details drin, die wir in unserem Unternehmen erreichen wollen.

Melanie: Und wie erreiche ich das? Indem ich als Arbeitgeber dem Arbeitnehmer authentisch gegenübertrete, mit Herz bei der Sache bin und einen wundervollen Arbeitnehmer als Fan gewinne.

Wie sieht es aus in den Unternehmen, in denen ihr tätig seid? Würdet ihr diese als gesunde Unternehmen bezeichnen, oder besteht Nachholbedarf?

Melanie: Ich würde sagen, es besteht überall noch Nachholbedarf. Es fehlen Strukturen, Wertschätzung dem Arbeitnehmer gegenüber, die Investition in den Arbeitnehmer, um ihm zu zeigen »Du bist es mir wert«.

Carsten: Es fängt auch schon beim Unternehmer selbst an. Es gibt wenige, die in sich selber investieren, die erkennen, dass das Potenzial in einem selbst steckt. Und das überträgt sich auch auf die Mitarbeiter. Es fängt eigentlich immer erst mal oben an.

Melanie: Wie oft ist es so, dass man an seinen Mitarbeitern zweifelt? Doch ist es nicht vielleicht auch so, dass es am Arbeitgeber hapert? Das meine ich mit authentisch. Wenn ich meinem Mitarbeiter nicht authentisch gegenüberstehe, wie soll er es denn besser machen? Die Unsicherheit, die manche Arbeitgeber ausstrahlen. Der Arbeitnehmer kann es ja gar nicht besser wissen, wenn ich als Arbeitgeber gar nicht so auftrete, dass mein Arbeitnehmer es übernehmen kann. So kann er es auch nicht ausführen und nicht die gesunde Arbeit bieten. Es bedarf an Mindset, Persönlichkeitsentwicklung und, und, und.

Wenn es keine Strukturen gibt, ist der Arbeitnehmer auf sich allein gestellt. Das heißt, der Arbeitgeber darf anfangen, strukturiert zu arbeiten, um es dem Mitarbeiter vorzuleben und leichter zu machen. Nur so funktioniert für mich ein gesundes Unternehmen.

Mir begegnet es immer mal, dass der Arbeitgeber mir sagt, es ist ihm egal, was sein Mitarbeiter denkt. Ich glaube, das ist ein Knackpunkt. Wie seht ihr das?

Melanie: Das ist ein Kreislauf. Es hat nicht immer nur mit viel Arbeiten zu tun und guter Leistung. Es geht ja auch um uns Menschen.
Carsten: Es geht auch nicht immer um viel Geld. Dass eine gute und gesunde Lohnfortzahlung wichtig ist, steht außer Frage. Doch es gibt auch andere Dinge, die der Mitarbeiter auch spüren möchte von seinem Unternehmen, von seinen Führungsleuten. Anerkennung, Lob und kleine Aufmerksamkeiten sind viel wichtiger und stehen oft im Vordergrund, gerade auch in Krisenzeiten.

Dominik Fürtbauer – Unternehmer und Marketing-Stratege

Mit 18 hat der gebürtige Österreicher seine erste Internetagentur gegründet, und nach nur wenigen Jahren hatte er ein Unternehmen mit 50 Mitarbeitern aufgebaut. Er hat eine Vielzahl an Mitarbeitern von Milliardenkonzernen beraten, diverse Unternehmen gegründet und zum Erfolg gebracht sowie Bestseller geschrieben. Getrieben vom Erfolg sah er eine Zeit lang nichts anderes mehr, bis er zusammenbrach und ein siebenmonatiges Wachkoma sein Leben völlig veränderte. Mittlerweile glücklicherweise wieder fit, hat er seine Unternehmen verkauft und ist nun seit fünf Jahren im Network-Marketing weltweit aktiv.

Dominik, du hattest früher 300 Mitarbeiter?
Ja, also wenn wir alles zusammenfassen in den ganzen Strukturen mit meinen Start-ups und allem, was wir aufgebaut haben, dann sind etwa 300 Mitarbeiter in der Beschäftigung gewesen. Heute

frage ich mich immer noch, wie hat das denn funktioniert in so kurzer Zeit. Das waren ganz viele Learnings, die mich geprägt haben und für die ich dankbar bin. Denn auch das war alles andere als selbstverständlich in so einem jungen Alter.

Du hast deine Mitarbeiter immer anders gesehen, nicht als Angestellte …
Für mich gab es dieses Wort in meinem Mindset gar nicht. Angestellter oder Mitarbeiter. Für mich war jeder Einzelne, der Teil meiner Vision war, Mitunternehmer. Auf den Visitenkarten stand nie »Head of Marketing« oder »Head of Sales« oder so was. Es waren alle Mitunter-

nehmer. Teile vom Unternehmen, von mir, die sich mit der Vision identifiziert haben und mein Unternehmen als ihr Unternehmen angenommen haben und genauso auch gewirtschaftet haben. Ich bin kein Wirtschaftsexperte oder sonstiges, aber ich gehe mal davon aus, dass vielleicht auch das ein Grund war, warum wir uns so schnell am Markt positioniert haben, der extrem groß war. Und warum wir einfach die Kunden generieren konnten, die wir eben betreuen durften.

Du hast ja in deinem Leben »Gesundheit« lernen müssen.
Was macht für dich ein gesundes Unternehmen aus?
Gesundes Unternehmertum fängt bei dir als Führungskraft an. Ich könnte jetzt sagen »Gewinne hier und da«, doch das sind Dinge, die sind so fern von mir. Ich habe das nie gelernt. Ich bin immer nur meiner Leidenschaft nachgegangen. Und ich habe für mich immer die Entscheidung getroffen: Du kannst von Menschen immer nur das verlangen, was du selber bereit bist einzubringen oder was du ihnen selbst vorlebst. Deshalb war für mich immer gesundes Unternehmertum, die größte Inspiration zu sein für die Menschen, mit denen ich arbeite, mit denen ich eine gemeinsame Vision habe. Und wirklich zu sagen »Hast du ein klares Bild von deiner Vision? Bist du klar bei dir und weißt, was du machst und wie du es machst?«. Da fängt für mich gesundes Unternehmertum an, denn am Ende des Tages bist ja auch du verantwortlich dafür, welche Zahlen du erwirtschaftest. Bist du mehr Demotivation als Motivation oder Inspiration deiner Führungskräfte oder deiner Mitarbeiter, dann kann ich dir alles Mögliche erzählen von Gewinn und Prozent. Es wird sich immer auswirken, was dort oben passiert. Es gibt ja das Sprichwort »Der Fisch fängt immer am Kopf an zu stinken«. Deine Organisation, deine Mitarbeiter sind immer ein Spiegel von dir selbst. Deswegen würde ich ganz klar sagen, gesundes Unternehmertum beginnt bei dir als Führungskraft.

Hast du noch einen weiteren Punkt neben Führungskraft und
Motivation, der noch dazugehört?
Den Leuten, mit denen du arbeitest, Vertrauen und Verantwortung schenken. Wenn du anfängst, in ihnen Mitunternehmer zu sehen,

dann behandelst du sie auch anders – wenn du sie als Mitgestalter statt als Angestellte oder Mitarbeiter siehst. Du führst ja auch oft Gespräche, in denen es heißt, Mitarbeiter sind ein Klotz am Bein. Sind sie definitiv, wenn du falsch mit ihnen umgehst und ihnen eine falsche Mindset-Definition gibst. Je mehr Verantwortung und je mehr Vertrauen ich meinen Mitarbeitern und meiner Führungskraft entgegengebracht habe, umso schneller sind sie gewachsen. Diese Eigenständigkeit, zu sagen: »Hey du, ich vertraue dir, ich vertraue deinen Fähigkeiten. Ich überlasse dir das Projekt. Organisier dir das selber. Die Skills, die du brauchst, hast du da. Mach einfach.« Und dann haben die gesagt: »Das kann ich doch gar nicht.« Und ich habe erwidert: »Klar kannst du. Fang erst mal an, an dich zu glauben, und du wirst sehen, was passiert.« Die sind in einer Geschwindigkeit gewachsen, haben in riesengroßen Unternehmen Projektbegleitung gemacht, die natürlich immer eine Erfolgsbeteiligung haben. Was ein Ding war, was man in der Branche überhaupt nicht kannte. Die haben alle ihr Fixum gekriegt, auf der anderen Seite ihre Provisionierung, weil ich gesagt habe, wenn wir hervorragende Arbeit machen, dann sollen sie auch dementsprechendes Geld verdienen für das, was sie einbringen in die Wertschöpfung für das ganze Unternehmen. Das beginnt bei mir, wenn ich Vertrauen habe und Verantwortung übernehme gegenüber den eigenen Mitarbeitern.

Wenn du deine Leute auch so gefordert und gefördert hast, hattest du dann überhaupt ein Problem mit Fluktuation?
Ja, das kennen wir ja. Du kannst immer eine tolle Führungskraft sein. Du kannst immer für Work-Life-Balance sorgen. Du wirst immer Menschen haben, denen du Wissen anvertraust, die in Projekten aktiv sind und die plötzlich auf dem Schirm von Headhuntern & Co. sind und abgeworben werden. Ich habe immer gesagt, stell dir mal vor, der wäre im Unternehmen geblieben. Wenn für jemanden Geld der einzige Antrieb ist, um das Unternehmen zu wechseln, anstatt das, was er fernab von dem zusätzlich hat, dann ist das aus meiner Sicht der richtige Weg für sie/ihn. Natürlich bin ich auch an jeden Mitarbeiter, den ich verloren habe, herangegangen und habe gefragt,

lag es an mir? Wo habe ich denn Fehler gemacht? Ich als Unternehmer will natürlich vermeiden, dass mir das noch mal passiert. Und es waren in den meisten Fällen kurzfristige Entscheidungen, die die Menschen getroffen haben, die sie im Nachgang viele Jahre begleitet haben. Sie haben vielleicht mehr Geld verdient, aber sie hatten nie wieder so ein Strahlen in den Augen wie damals, als sie mit uns zusammengearbeitet und riesengroße Projekte realisiert haben. Von daher: Jeder ist das Ergebnis seiner Entscheidungen. Daher bin ich der festen Überzeugung, dass auch das zum Unternehmen gehört.

Also das hört sich für mich schon so an, als ob du damals Fans hattest.

Für mich war das schon etwas, du gehst da rein ins Unternehmen. Was man heute so kennt, diese Start-up-Kultur. Für uns gab es nur die Vision. Wir sind alle miteinander, füreinander, für ein gemeinsames Ziel an den Start gegangen, und das war schon eine sehr intensive Bindung untereinander. Da gab es nichts mit Chef hier und Zuständigkeit da. Du sitzt am Tisch, du machst ein Brainstorming und du arbeitest Ideen aus, das hat irgendwie so gewirkt. Andere machen LAN-Partys und zocken irgendwelche Spiele und haben sich lieb. Und wir haben halt Projekte erarbeitet. Wir haben auch viel privat gemeinsam gemacht, sodass man das gar nicht mehr so getrennt hat. Wir waren alle sehr dankbar, dass wir aus unserer Leidenschaft etwas machen konnten, wo wir alle miteinander Geld verdient haben. Wir, und ich am wenigsten, wir sind von Beginn an nie gestartet, um Geld zu verdienen, sondern das Geldverdienen kam aus der Leidenschaft für das, wofür ich angetreten bin. Was sich ab dem Zeitpunkt verändert hat, wo wir einfach viel zu schnell viel zu groß geworden sind und ich niemanden an meiner Seite hatte, der mal die Zügel angezogen hat. Ich komme nicht aus einem goldenen Hamsterrad, sondern genau von der anderen Seite. So habe ich versucht, mit dem Erfolg, der da war, zurechtzukommen, mir Dinge anzueignen, die ich früher nie gehabt hatte. Die hatte ich in der realen Welt trotz des vielen Geldes auch nicht. Doch ich hatte mir eingeredet: Hast du Geld, kannst du alles kaufen. Das ist ja totaler Schwachsinn. Ich war ein total naiver Mensch, ich war total überheblich, total arrogant und nur reich an materiellem und wirtschaftlichem Erfolg. Aber total arm in Richtung der Werte, die ein Menschenleben einfach ausmachen. Deswegen bin ich sehr dankbar dafür, dass mein Körper genau so hart zu mir gesagt hat »Stopp«.

Nach dem Schock hast du dann umgesattelt und bist ins Network-Marketing eingestiegen. Jetzt hast du keine Mitarbeiter mehr, sondern Partner. Du bist Mentor für diese Partner. Wie unterstützt du sie?

Exakt genau so, wie ich es früher gelernt habe und es mir selber beigebracht habe. Sei die größte Motivation und nicht Demotivation deiner gesamten Organisation. Leb das vor, was möglich ist, und sie machen es dir nach. Das ist im Network noch mal eine ganz andere Hausnummer. Mitarbeiter – wenn ich mich so mit Bekannten und Freunden austausche, die in ihrem Unternehmen festangestellte Leute haben – performen, weil sie es müssen, weil sie dafür bezahlt werden. Spurst du nicht, fliegst du raus und es kommt der nächste. Das ist völlig normal. Im Network ist es so, dass die bei mir nicht auf meiner Payroll stehen. Ich bezahle sie nicht dafür, dass sie etwas für mich tun. Sondern ich sorge dafür, dass sie sich wohlfühlen, dass sie Spaß und Freude an der Arbeit haben und dass sie meine Inspiration sehen und Dinge umsetzen, ohne dass ich sie dazu zwingen muss. Da musste ich mir schon noch mal ganz andere Skills aneignen. Denn im Network ist es schon eine ganz andere Arbeitsweise, Mitarbeiter zu beschäftigen, die du bezahlst, damit sie die Dinge tun, die sie tun müssen. Das hat ganz viel mit Ego zu tun. Ego rauslassen, den Menschen in den Mittelpunkt stellen. Schauen, was ist sein Ziel und wie kann ich ihn als Mensch mit meinem Geschäft, mit meinem System dazu führen, dass er die Dinge erreicht, die er erreichen mag, deretwegen er dir sein Vertrauen schenkt. Das ist etwas, wo ich auch ganz viel hab lernen müssen. Das sind alles so Dinge, da gibt es nichts, wo ich gesagt hätte, das hätte ich anders gemacht. Wir könnten noch mal zurückdrehen, ich würde alles genauso machen wie vorher.

Dr. Claus Hartmann –
Redner, Wachrüttler, Erfinder von »Nachhaltigreich«

Nachhaltigkeit in allen Lebensbereichen ist das Thema von Dr. Claus Hartmann, das er unermüdlich und leidenschaftlich als Keynote-Speaker und Redner verbreitet. Er ist überzeugt, dass wir besser leben, wenn wir Nachhaltigkeit auch bei der Erziehung, Ernährung, bei den Finanzen, im Sport, in der Karriere und bei der Bildung im Fokus haben. Er will wachrütteln und mit seinen emotionalen Reden zum Umdenken bewegen, damit wir unseren Kindern und Enkeln ein Vorbild sind und unsere natürlichen Lebensgrundlagen erhalten. Als Doktor der Wirtschaftswissenschaft weiß er, worum es geht und dass wir alle handeln müssen.

Im Podcast hält Dr. Claus Hartmann noch drei Tipps für die Zuhörer bereit. Reinhören lohnt sich.

Erzähl mal ein bisschen zu dir. Hast du selbst Erfahrung als Führungskraft?

Ich bin gerade in einer Phase des Umschwungs, sozusagen. Ich habe mir bereits im Herbst 2018 überlegt, dass ich Redner zum Thema Nachhaltigkeit werden möchte, war aber bis Juni 2020 noch Führungskraft bei den Stadtwerken in Flensburg. Mal kurz zur Erklärung: Warum kommt man auf Nachhaltigkeit, wie kommt man auf diesen abwegigen Gedanken? Bei mir ist tatsächlich das Thema Nachhaltigkeit schon sehr lange im Unterbewusstsein verankert. Ich komme von einem landwirtschaftlichen Hof in Schleswig-Holstein, und dadurch, dass meine Eltern und Großeltern und die Generationen davor auch schon Landwirte waren, steckt es in mir drin, dass man immer etwas langfristig plant. Dass man keine schnellen, kurzfristigen Entscheidungen trifft, sondern sehr langfristig aufgestellt ist. In den letzten Jahren bin ich als Führungskraft bei den Stadtwerken in Flensburg aktiv gewesen. Das war auch interessant. Ich hatte eine relativ kleine Abteilung mit anfangs neun, zuletzt fünf Mitarbeitern. Ich habe da aber erkannt, dass ich diese Routinen, die man im normalen Arbeitsalltag hat, für mich als nicht so interessant einschätze. Es gibt tolle Mitarbeiter, die habe ich bis zur Rente begleitet,

die über Jahrzehnte jeden Tag das Gleiche gemacht haben, die damit total glücklich waren und darin aufgegangen sind, dass am Abend immer das Gleiche erledigt war. Für mich ist das eben nichts. Und ich habe deswegen entschieden, dass das Thema Nachhaltigkeit, das auch in meiner Doktorarbeit ein großer Part gewesen ist, dass ich das mehr ins Zentrum meines Schaffens rücken möchte und dazu Vorträge halten möchte. Da bin ich jetzt gerade wieder Schüler und fange bei Adam und Eva an, das zu lernen. Unser Lehrer Hermann Scherer, der über 3000 Vorträge gehalten hat, kann uns da sicher einiges beibringen.

Wie würdest du dein Unternehmen bzw. die Stadtwerke einschätzen: Wie gehen sie mit den Mitarbeitern um?
Grundsätzlich gehen die Stadtwerke mit ihren Mitarbeitern schon relativ gut um. Warum gehen sie mit ihnen relativ gut um? Weil es üblicherweise so ist, dass jemand, der bei den Stadtwerken arbeitet, Jahrzehnte da arbeitet. Es ist nicht so, dass man eine hohe Fluktuation hat, sondern in der Regel bleiben die Mitarbeiter sehr lange. Ich kann mich auch an eine Mitarbeiterbefragung erinnern, an der man gut erkannt hat, ob die Mitarbeiter gern im Unternehmen sind oder nicht. Da weiß ich, dass bei den Stadtwerken Flensburg bei etwa 45 % der Mitarbeiter herauskam, dass sie »ein Herz und eine Seele« mit

dem Unternehmen sind. Das heißt, die kann man nachts anrufen, die würden ein Stromproblem, ein Fernmeldeproblem nachts lösen. Die würden alle parat stehen und da sofort die Straße aufreißen und versuchen, dem Kunden zu dienen. Das gibt es tatsächlich auch bei den Stadtwerken. Es gibt natürlich, gerade eher im Bürobereich, auch Menschen, die manchmal nicht so zufrieden sind mit dem, was sie tun. Das ist so die andere Seite. Tatsächlich haben wir bei der gleichen Befragung auch herausgefunden, dass 10 bis 12 % bereits innerlich gekündigt haben, und auch das ist ein recht hoher Wert. Tatsächlich sind die Stadtwerke in den beiden Bereichen extrem, sie haben extrem viele Fans, aber auch extrem viele »innere Kündiger«, die sich gar nicht mehr mit dem Unternehmen identifizieren können. So schaut offenbar der Ist-Zustand aus.

Würdest du sagen, dass man diejenigen, die schon innerlich
gekündigt haben, auch wieder ins Boot holen kann?
Es hat ja eigentlich nie jemand gekündigt, der erst frisch anfängt. Bei jemandem, der den ersten Tag zur Arbeit kommt und seine neue Stelle antritt, da kann ich mir nicht vorstellen, dass er sich denkt »ach, jetzt muss ich noch 40 Jahre bis zur Rente absitzen«. Per se am Start sind sie alle motiviert. Was aus meiner Sicht sehr gut hilft, ist im Prinzip: eine Vision geben; etwas Größeres, als man selbst ist, zeigen. Das ist etwas, was wir im Fernwärmebereich zum Beispiel geschafft haben. Die Stadtwerke Flensburg versorgen die Stadt Flensburg und die umliegenden Gemeinden mit Fernwärme, und das seit den Sechzigerjahren. Da sind tatsächlich alle im Unternehmen davon überzeugt, dass es ökonomisch und ökologisch sinnvoll ist, dass wir Fernwärme verteilen und diese ganzen Schornsteine aus der Stadt weggebracht haben. Die Flensburger leben gesünder, weil nicht überall was verbrannt wird, sondern es einen großen Schornstein gibt, der die Luft auch filtert; die Abgase sind sauber, die da rauskommen. Das hat sehr viele Vorteile, und das trägt viele Mitarbeiter. Da sind ganz viele Mitarbeiter von überzeugt. Das geht aber nur in dem Bereich, wo es diese Vision gibt. Ein anderes Beispiel in der Buchhaltung. Wenn ich Chef der Buchhaltung wäre, würde es

mir schwerfallen, eine solche Vision zu kreieren. Denn es muss einfach jedes Jahr der Jahresabschluss fertig werden, es muss der Wirtschaftsprüfer durchgeschleust werden, es müssen Quartalsabschlüsse gemacht werden, da fällt es nicht nur den Stadtwerken Flensburg schwerer, Visionen einzubringen. Das ist in anderen Bereichen auch so. Wenn man da etwas findet, das größer ist als jeder Einzelne, und da wird dran gearbeitet, dann ist das, glaube ich, ein Weg, den Mitarbeitern einen Leitstern zu geben, auf den sie alle hinstreben. Das fällt natürlich Start-ups häufig leichter, denn die haben in der Regel ein zentrales Thema, ein Ziel, auf das alle Mitarbeiter zustreben.

Beim Thema Buchhaltung denke ich an das Tiermodell von Tobias Beck. Da hast du dann eben nur Eulen, die für ihre Zahlen, Daten, Fakten aufgehen. Wenn man dementsprechend auch Visionen reinbringt, dann kann ich sie mit Sicherheit auch abholen und mitnehmen.

Das ist ein sehr guter Hinweis. In der Buchhaltung muss man bei der Personalauswahl ganz anders vorgehen als beispielsweise im Projektmanagement, wo man vom Typ Mensch her ganz andere Mitarbeiter benötigt.

Was zählt für dich noch zu einem gesunden Unternehmen, unabhängig von den Stadtwerken?

Wenn ich an ein gesundes Unternehmen denke, dann kommt mir tatsächlich als Erstes in den Sinn: Ernährung und Sport. Die beiden Sachen sind da. Und das ist ja auch etwas, was man idealerweise mit einem Unternehmen zusammen machen sollte. Bei uns gibt es eine Kantine – ob die immer gesund ist, ist eine andere Frage. Doch das ist ja im Prinzip Teil des Tages, dass man sich ernährt, und auch Bewegung ist etwas, das für mich dazuzählt. Das sind dann für mich tatsächlich gesunde Unternehmen, aber in einer Richtung, wo es im Prinzip nur um den Menschen geht. Das heißt, dass der Arbeitgeber Angebote macht, dass es beispielsweise Obst gibt oder Umkleideräume, damit man Sport machen kann. Und bei gesunden Unternehmen denke ich auch an solche, die nachhaltig funktionieren. Das heißt, es gibt ein Geschäftsmodell, das nicht auf kurzfristige Gewinne ausgelegt ist, das sich nicht von Quartal zu Quartal hangelt. Sondern das Werte schafft, die im Idealfall von Generation zu Generation weitergegeben werden können. Im Durchschnitt, habe ich mal gelesen, werden Unternehmen auf der Welt nur 18 Jahre alt. Das heißt, sie werden gerade erwachsen, und im Durchschnitt ist dann das Unternehmen schon beendet, weil es in die Insolvenz schlittert oder warum auch immer. Und für mich sind gesunde Unternehmen tatsächlich Unternehmen, die an die nächste Generation weitergegeben werden können. Ich denke da zum Beispiel an Viessmann, einen Heizungshersteller, wo jetzt in der dritten Generation gearbeitet wird. Das ist für mich ein gesundes Unternehmen.

Für mich gehört auch noch die gesunde Liquidität dazu. Als Beispiel seien die Automobilhersteller genannt, wie Ford, BMW oder VW. Die Firmen existieren schon lange und werden im großen Maßstab von Generation zu Generation weitergeführt.
Gerade die Automobilunternehmen haben derzeit die Herausforderung, dass sie sich mal wieder anpassen müssen. So wie die Menschen sich auch immer wieder adaptieren und sich anpassen müssen, müssen die Hersteller sich halt jetzt auch an die neuen Herausforderungen der Mobilität anpassen. Sie haben eine unheimlich schwierige Situation. Ich habe tatsächlich mal bei Daimler gearbeitet und kenne das Unternehmen. Die haben eine Cashcow im Hause, das ist der Verbrennungsmotor, der ausentwickelt ist. Die Ingenieure haben ihn über Jahrzehnte perfektioniert, viel besser kann man Brennstoff nicht verbrennen als in diesen Motoren. Aber sie müssen jetzt halt den Wechsel hinbekommen auf Elektromobilität, vielleicht auch auf Wasserstoff, wo sie natürlich im Augenblick sehr viel Geld ausgeben müssten, das sie nicht direkt zurückbekommen. Deswegen sind diese Unternehmen jetzt darauf bedacht, noch möglichst viel Geld mit dem Verbrenner zu verdienen. Diesen Switch aber hinzubekommen, vor allem auch mit den Mitarbeitern, die Jahrzehnte darauf ausgerichtet wurden, dass der Verbrennungsmotor das beste Pferd im Stall ist, das ist wirklich sehr herausfordernd.

Wie hast du deine Arbeit und auch das Thema Gesundheit
fürs Unternehmen und auch für die Mitarbeiter bei Daimler
empfunden?

Bei Daimler war es so, dass es auch unheimlich viele Fans gab. Das
hängt einfach damit zusammen, dass der Daimler ein Produkt hat,
das emotional aufgeladen ist. Ich war im Werk Sindelfingen, wo
Mercedes hergestellt wurde. Tatsächlich ist der Deutsche noch mal
mehr empfänglich, was das Fahrzeug angeht. Da waren einfach viele
dabei, die das Produkt super fanden. Das ist bei den Stadtwerken
schwieriger. Das Produkt war super, und so waren viele emotional
dabei. Was das Thema Betriebliches Gesundheitsmanagement angeht, habe ich tatsächlich eine nicht so gute Erfahrung gemacht, weil
zum einen ja der Arbeitsalltag relativ bewegungsarm ist. Also entweder man sitzt auf einem Stuhl im Büro, was suboptimal ist, oder
man arbeitet am Band, was auch nicht gut für den Körper ist, weil
man nur eine Bewegung macht. Man hat halt eben das Nummern-
schild festgeschraubt oder die Außenspiegel angebracht. Es gab tatsächlich sehr wenige Aufgaben, die dem Bewegungsdrang des Menschen entgegenkamen. Das, was – zumindest in den Jahren 2002 bis
2007 – an Maßnahmen geboten wurde, hat nur recht wenige Mitarbeiter erreicht und mitgenommen. Es gab zum Beispiel noch kein
Fitnesscenter auf dem Gelände. Da war noch Luft nach oben, doch zu
der damaligen Zeit war dieses Thema auch noch nicht so präsent.

Wenn ich Maßnahmen kreiere für Unternehmen, dann schaue
ich nicht nur auf den Sportaspekt, sondern auch auf die leider
steigende psychische Belastung, die vielleicht auch durch die
Digitalisierung und die ständige Erreichbarkeit hervorgerufen
wird.

Ist eine spannende These, dass das die Ursache sein könnte. Für mich
selber muss ich festhalten, dass ich mich gar nicht so oft erreichen
lasse. Ich habe oft auch mein Handy gar nicht bei mir, weil ich mich
bewusst dafür entscheide, dass ich voll da bin, wo ich mich gerade
aufhalten möchte. Ich kann es mir auch bei Unternehmen sehr gut
vorstellen, dass man, wenn man es persönlich möchte, diese Frei-

heitsgrade erreichen kann, auch bei der Arbeit. Für mich ist das keine so große Belastung. Ich habe eigentlich eine andere Idee, und das ist auch etwas, was ich in anderen Unternehmen häufig festgestellt habe. Wenn ich selber das Gefühl habe, dass ich nur ein klitzekleines Zahnrad bin im System und selber gar keinen Einfluss habe, dann ist die Gefahr viel größer, dass ich psychisch erkranke, weil ich gar nicht das große Ganze im Blick habe. Da fällt mir eine Geschichte ein. Ein US-Präsident spricht in den Sechzigerjahren in Cape Canaveral einen Straßenfeger an: »Und, was machst du denn hier so?« Da sagt der Straßenfeger: »Ich sorge dafür, dass die Menschheit den Mond betritt.« Ich glaube nicht, dass dieser Straßenfeger, egal wie monoton und einseitig seine Arbeit ist, an psychischer Belastung oder Überlastung erkrankt. Denn er hat das große Bild vor Augen und sagt: »Mit meiner Arbeit hier sorge ich dafür, dass die Menschheit in eine neue Ära aufbricht.« Ich glaube, wenn die Unternehmen hinbekommen, dass jeder Mitarbeiter das Gefühl hat, dass das, was er leistet, einen höheren Sinn hat, dass er drin aufgeht; ich glaube nicht, dass dann wirklich so viele an Boreout oder Burnout erkranken würden.

Dr. med. Frank Straube – Nuklearmediziner, leitender Notarzt, Hypnose-Therapeut

Seit über zehn Jahren betreibt Dr. med. Frank Straube das Harzer PET-Zentrum für Nuklearmedizin in Goslar. Mit seinem knapp 20-köpfigen Team kümmert er sich um die Früherkennung von Schilddrüsen- und Krebserkrankungen. Seine Mitarbeiterinnen und Mitarbeiter möchte er mit viel Eigenverantwortung und Wertschätzung führen. Als leitender Notarzt legt er Hand an, wo es nötig ist. Nebenbei ist er Hypnose-Therapeut, da es aus seiner Sicht viel zwischen Himmel und Erde gibt, das über die Schulmedizin nicht abbildbar ist. Die Hypnose ist für ihn dafür das Mittel der Wahl, um zu helfen. Jährlich organisiert er das Harzer PET-Symposium zum Wissensaustausch zwischen Medizinern unterschiedlicher Fachrichtungen mit jeweils rund 100 Teilnehmern. Wie er Mitarbeiter zu Fans macht, berichtet er in unserem Interview.

Was sind für dich gesunde Unternehmen?
Ich glaube, gesunde Unternehmen sind für mich einerseits Unternehmen, die Gewinn produzieren. Es gibt ja auch das schöne Buch von Herrmann Simon: Am Gewinn ist noch keine Firma kaputtgegangen. Andererseits sind es solche Unternehmen, wo die Mitarbeiter gern hingehen. Und sie gehen da nicht nur hin, um Geld zu verdienen, das ist sicherlich auch ein Grund. Sondern sie haben eine Motivation, ihren Tag in dem Unternehmen zu verbringen, und fühlen sich dort auch wohl.

Wie siehst du dein Unternehmen aktuell?
Wir sind mit Nuklearmedizin der Platzhirsch hier in der Region, mit knapp 20 Mitarbeitern. Wir haben ein Einzugsgebiet von rund 150 Kilometern. Wir haben viele Kooperationen auch in Sachsen-Anhalt und Thüringen mit verschiedenen medizinischen Zentren und somit eine sehr gute Frequenz. Wenn man das gut macht – so ist meine Philosophie schon immer gewesen –, wenn man sein Unternehmen gut führt und die Leute einen Mehrwert haben, dann kann man auch ein solches Zentrum mit der speziellen medizini-

schen Ausstattung standortunabhängig führen, also irgendwo hin-stellen – und die Leute kommen.

Wie würdest du sagen, ist dein Unternehmen? Ist es gesund?
Sind deine Mitarbeiter Fans von dir?

Also ich glaube, meine Mitarbeiter sind Fans von mir. Wir haben jetzt zehnjähriges Firmenjubiläum gehabt. Seit 1. Juli 2010 bin ich mit dem Zentrum in Goslar selbständig. Die Geschenke der Mitarbeiter haben mich sehr gerührt, und von daher denke ich, dass ich ein gesundes Unternehmen führe. Natürlich, Corona geht auch an uns nicht schrammenlos vorbei, sodass ich denke, es ist vielleicht ein bisschen angeknackst, doch das kriegen wir alles wieder hin.

Du bist auch immer mal wieder auf der Bühne zu sehen und
sprichst vor Unternehmern. Was ist da dein Thema?

Das Thema ist, wie Notärzte schwierige Situationen managen. Ich denke, dass das sehr gut auf Unternehmen umgemünzt und abgelei-tet werden kann. Zum Beispiel ist ein großes Thema: Man kommt zum Einsatzort, und da ist alles durcheinander, und dann muss ich erstmal Struktur schaffen. Genau das muss ich in meinem Unter-nehmen ja auch. Wenn ich angefangen habe, kommt irgendwann der Moment, wo ich merke, ich brauche Struktur, und dann muss ich diese schaffen. Das sind alles Themen, wo ich denke, das passt gut zusammen und das kann man gut miteinander kombinieren.

Du bist gesundheitlich viel unterwegs. Wie machst du das mit deinen Mitarbeitern? Hast du ein Betriebliches Gesundheits- management?

Das gibt es noch nicht. Wir haben das immer schon mal angedacht, doch es stellt sich für mich nicht so leicht dar. Weil es dann doch auch der Motivation der Mitarbeiter bedarf, und das ist derzeit noch etwas schwer herzustellen. Die Mitarbeiter sind überwiegend im Freizeit- bereich sportlich aktiv.

Was müssten Unternehmen und insbesondere auch Arztpraxen tun, um die Mitarbeiter zu Fans zu machen?

Ich glaube, es liegt einerseits an der Persönlichkeit des Unterneh- mers bzw. des Arztes. Es ist ein Wandel, das kann ich aus eigener Er- fahrung berichten. Ich habe die Praxis anfangs mit meiner Vorgänge- rin gemeinsam geführt, und das war noch der altehrwürdige Arztstil. Die Leute konnten zwar was sagen, doch zum Schluss wurde be- stimmt. Das wieder auf Eigenverantwortlichkeit der Mitarbeiter zu- rückzufahren oder besser hochzufahren, dauerte doch gefühlt ein- einhalb bis zwei Jahre. Bis die Mitarbeiter gemerkt haben, dass sie Verantwortung übernehmen können und auch dürfen und es auch erwartet wird, dass sie das tun. Ganz klares Beispiel: Mich interes- siert nicht, welcher Toner gekauft wird, Hauptsache der Drucker druckt. Das sind Dinge, die wichtig sind, wo jeder in seinem Verant- wortungsbereich wichtig ist und selbständig agieren kann.

Das bestätigt mich in dem, was auch ich erlebe, schreibe und sage: Wenn man Veränderungen macht, muss man auch Zeit geben. Lernen dauert, und da muss man sich drauf einstellen.

Ich bin eher der sehr spontane Mensch. Es war ein bisschen schwierig für mich. Man muss sich das so vorstellen: Am 1. Januar 2016 habe ich beschlossen, wir digitalisieren die Praxis. Das heißt, ab diesem Tag, von jetzt auf gleich, also nach Silvester, wurde das Papier abgeschafft in der Praxis. So hatte ich es vor. Nur noch Befundbriefe gehen auf Papier raus, alles andere lässt man weg. Das klappt auch fast, manche Dinge kann man aber nicht ausmerzen. Das haben wir in fünf Tagen durchgezogen. Haben eine komplett neue Software installiert, neue Kameras an den Geräten installiert. Die Firmen waren dann doch etwas irritiert, weil ich gesagt habe, am dritten Tag müssen schon mal wieder Patienten kommen. So geht es denn nun auch nicht. Nichtsdestotrotz war das ein harter Schnitt, und es hat so etwa drei Monate gedauert, bis es reibungslos lief. Man muss und darf den Mitarbeitern auch Zeit geben, um sich an die neuen Systeme zu gewöhnen. Aus den Fehlern, die da passieren und nicht am Patienten sind, kann man sehr gut lernen. Allerdings gibt es auch gerade in der Medizin Fehler, die einfach nicht passieren dürfen. Drumherum gibt es trotzdem viele Dinge, wie dass die Arbeitsabläufe noch fehlerhaft sind oder fünf Minuten länger dauern: damit muss man einfach leben. Es war auch mit den Patienten nicht ganz einfach, weil die Prozesse länger dauerten als heute. Da nicht aufzugeben und an diesem Ziel festzuhalten, das ist doch sehr wichtig.

Hattest du auch schon mal mehr Mitarbeiter zu führen, und wenn ja, wie war das so?

Als leitender Oberarzt einer der größten nuklearmedizinischen Kliniken Deutschlands hatte ich eine Zeit lang zwischen 60 und 70 Mitarbeiter in meinem Team. Die Stimmung war dort anders. Da muss man ganz klar sagen, es liegt doch am Chef und daran, wie der so ist. Wenn man die Position nicht innehat, dann kann man auch da nicht alles umsetzen. Man kann schon einiges ausrichten. Ich war da in so einer Sandwich-Position, hatte das, was vom Chef kam, abzufedern und an die Mitarbeiter weiterzugeben. Ich denke, sie haben mich da auch alle in guter Erinnerung. Doch da habe ich auch gemerkt: Selbst Chef sein ist schon schöner.

Was sollten deine Kollegen unbedingt machen? Hast du da noch drei Tipps?

Als Unternehmer sollte man sich einfach selbst weiterentwickeln. Das ist, glaube ich, ein ganz wichtiges Thema. Gerade in der Medizin rutscht man da so rein, ohne betriebswirtschaftliche Ahnung, ohne andere Fähigkeiten. Man hat Medizin gelernt, und das war's. Betriebswirtschaft etc. gibt es im Medizinstudium nicht. Zu meiner Zeit gab es auch nichts, was mit Kommunikation zu tun hatte. Daher sollte die Weiterentwicklung des Unternehmers einen wichtigen Stellenwert einnehmen, weil sich dadurch auch das Unternehmen weiterentwickelt. Was ich auch an meinem Beispiel so sagen kann. Zweitens glaube ich, an der eigenen Gesundheit zu arbeiten muss nicht Spaß machen, ist jedoch ein Bestandteil, der in gewisser Weise wichtig ist. Da passt auch der Notarzt dazu: Eigenschutz geht immer vor. Das heißt, als Notarzt springt man nicht auf die Gleise, bevor man nicht weiß, dass da kein Zug fährt. Das ist ganz wichtig. Von daher, sich um sich selbst kümmern, auch mental, ist ein wesentlicher Punkt. Eine eigene Psychohygiene gehört dazu, was mit einer einfachen Meditation am Morgen schon gut gelingt. Punkt drei, wenn es darum geht Mitarbeiter, zu Fans zu machen: Ich finde immer schön, wenn ich es irgendwie schaffe, dass die Mitarbeiter gern zu mir kommen, nicht nur des Geldes wegen, sondern auch wegen der Arbeit an sich bzw. wegen des guten Betriebsklimas. Da, denke ich, kann man als Unternehmer viel machen, indem man versucht, die Mitarbeiter da abzuholen und die Weiterbildung zu organisieren. Da machen wir viel. Unter anderem mit unserem Symposium. Wir machen einmal im Monat eine fachliche Weiterbildung, wo ich den Mitarbeitern irgendwelche nuklearmedizinischen Themen erkläre. Wir fahren normalerweise auch zu zwei nuklearmedizinischen Kongressen, an denen alle Mitarbeiter teilnehmen dürfen. Ich finde auch, eine schöne Praxisfete sollte für das gute Beisammensein auch immer mal sein. Es ist schon wichtig, auch neben dem normalen Alltag etwas zusammen zu machen.

Alexander Scharf – Gastronom aus Leidenschaft

Wenn man die Tätigkeitsbereiche von Alexander Scharf aufzählen möchte, kommt man schnell ins Schleudern: Betreiber verschiedener Gastronomiebetriebe in Goslar, Begründer der Initiative #ilovegastro, Berater, Ausbilder, Projektentwickler und, und, und. Sein Lebenslauf ist reich gefüllt. Was jedoch jede seiner Stationen ausmacht, ist der Umgang mit Menschen. Er weiß, dass gerade in der Gastronomie der Erfolg seiner Unternehmen von der Einstellung seiner Mitarbeiter abhängig ist. Wie er Mitarbeiter zu Fans macht, erzählt er in unserem Interview.

Alex, schön dass wir zusammensitzen. Erzähl doch erst mal was über dich.

Ich bin gelernter Hotelkaufmann, habe das in Hamburg mal gelernt. Ich bin seit 16 Jahren selbständig. Wir betreiben vier Gastronomien und ein kleines Hotel in Goslar. Wir beschäftigen zurzeit so etwa 100 Mitarbeiter. Parallel arbeite ich noch ein bisschen als Unternehmensberater und gründe gerade eine Akademie für Weiterentwicklung und berufliche Orientierung. Bei der Unternehmensberatung und der Akademie versuchen wir, die Erfahrungen einzubringen, die wir bei uns in der Gastronomie gesammelt haben. Eine Basis jeder vertraglichen Vereinbarung zwischen Arbeitnehmer und Arbeitgeber ist die Bezahlung. Die Bezahlung muss unbedingt fair und transparent sein. Wir konzentrieren uns zusätzlich intensiv auf einen wertschätzenden Umgang mit unseren Mitarbeitern. Wir leben eine flache Hierarchie. Ich gehe jeden Tag mehrmals durch die Läden, begrüße jeden Mitarbeiter und gebe ihm das Gefühl, dass ich ihn wahrnehme und es gut finde, dass er da ist. Zudem investieren wir in die Weiterbildung unserer Mitarbeiter.

Ich war lange Zeit als Betriebsleiter tätig, und das ist wohl der undankbarste Job im Gastgewerbe. Probleme, die du löst, fallen der Geschäftsführung nicht auf. Probleme, die du nicht löst, fallen dir auf die Füße. Da ist ein Ungleichgewicht. Das hatte ich damals auch. Schon damals habe ich meine eigene Personalführung aus der Situation heraus entwickelt. Ich habe mich da schon als Vorgesetzter stets auch als Bestandteil des Teams gesehen. Dann habe ich mir gedacht, den Quatsch, den du hier machst, kannst du auch eigenständig übernehmen. So bin ich in die Selbständigkeit geraten. Einige meiner Mitarbeiter sind seit damals bei mir.

Was ist die Besonderheit deiner Branche?

Wir leben im Gastgewerbe davon, dass wir unsere Produkte und Dienstleistungen mit einer gewissen Wertschätzung, Kompetenz, Gastfreundschaft verkaufen. Und bekommen dafür von den Gästen Dank, Wertschätzung, Trinkgeld, wiederkehrende Besuche, nette Interaktionen zurück. Dieses wird im Team geteilt, und das macht so den positiven Spirit des Gastgewerbes aus. Das findest du so kaum in einer anderen Branche. Aus dem Grund bin ich seit mehr als 24 Jahren gerne in der Gastronomie unterwegs.

Was sind für dich gesunde Unternehmen?

Als ich damals meine Ausbildung gemacht habe, da war mein Rufname nicht »Azubi«, sondern »Azunu«, nämlich Auszunutzender. So war das früher. Da hast du Stunden geschrubbt, die vielleicht mit etwas Glück mal in Gut-Tagen abgegolten wurden. Der Umgang mit den Mitarbeitern war eher unrühmlich, und ich muss zu meiner Schande gestehen, dass es in unserer Branche noch immer relativ viele schwarze Schafe gibt, die nach wie vor so mit ihren Mitarbeitern umgehen – und sich dann darüber wundern, dass keiner mehr kommt und da arbeiten möchte. Insofern ist jede Energie gut, die sich für gesunde, ich nenne es eher positive Arbeitsplätze bemüht. Für mich ist die Definition weniger das gesunde Unternehmen als der positive Arbeitsplatz. Wir haben für uns drei Bausteine einer positiven Arbeitskultur ausgewählt, das kann man sicher noch ausweiten. Wir konzentrieren uns auf die Punkte *ehrliche und transparente Bezahlung*, *wertschätzender Umgang* und *Weiterentwicklung*. Diese drei Bausteine sehen wir als Mindestmaß einer positiven Arbeitskultur, wofür wir erst mal werben wollen und ich mich stark mache. Da gehört sicherlich noch die Sinnhaftigkeit des Tuns dazu, was die Initiative »ilovegoslar« mit dem gleichlautenden 14 Meter langen Schriftzug impliziert. So sorgen wir auch im Außenverhältnis für mehr Aufmerksamkeit für unsere Branche und für die innerstädtische Aufenthaltsqualität.

Wie wird aus deiner Sicht ein Mitarbeiter zum Fan des Unternehmens?

Ich habe da mal einen Spruch gehört, der sehr richtig ist: Mitarbeiter trennen sich nicht vom Unternehmen, sie trennen sich von Vorgesetzten. Für meinen Geschmack ist der Begriff »Mitarbeiter als Fan« etwas überrissen und polarisiert sicherlich zu Recht. Ich kann sagen, dass wir viele Mitarbeiter haben, die schon viele Jahre bei uns sind, dass wir nicht unter dem Fachkräftemangel leiden. Dafür haben wir frühzeitig die Weichen gestellt und uns darauf konzentriert, dass jeder Mitarbeiter gern zu seiner Arbeit kommen kann. Das ist für mich ein wesentlicher Baustein eines positiven Arbeitsplatzes.

Die Kommunikation wird bei uns großgeschrieben. Wir haben tägliche Meetings mit den Führungskräften. Wir haben jeden Tag Ladenbegleiter, also Betriebsleiter, die durch die Läden gehen, mit den Mitarbeitern kommunizieren und die alltäglichen Aufgaben organisieren. Ich bin jeden Tag im Unternehmen, spreche mit den Mitarbeitern und schaue, wie die Stimmung ist. Wir beheben Probleme unserer Mitarbeiter sofort. Wir haben eine funktionierende Unternehmenskultur, in der wir grundsätzlich gesagt haben, dass wir positiv miteinander umgehen wollen. Wir sind durch langjährige Arbeitsverhältnisse gesegnet, worauf ich auch stolz bin. Daher können wir schon sagen, dass wir ein gesunder und positiver Arbeitsplatz sind. Ich bin zu hanseatisch und zurückhaltend, um da von Fans zu sprechen. Ich habe viele Mitarbeiter, die auch länger als zehn Jahre bei mir sind. Das sind loyale, gute Beschäftigungsverhältnisse. Die Philosophie, wie man heutzutage an diese Betätigungsfelder rangeht, ist für mich etwas überrissen. Wenn wir ehrlich sind, reden wir von verschiedenen Arbeitsniveaus. Ein kaufmännischer Angestellter will anders angesprochen werden als eine Servicekraft, ein Vorstandsvorsitzender oder ein Spüler. Sie haben alle unterschiedliche Wahrnehmungsebenen. Wenn sie es sich aussuchen könnten: Wie viele Menschen würden gerne freiwillig arbeiten? Es muss gearbeitet werden, die Arbeit ist erst mal Mittel zum Zweck. Aber es ist entschieden cooler, da zu arbeiten, wo die Arbeit auch geschätzt wird und der Umgang miteinander ein positiver ist. Darum müssen wir uns bemühen, damit die Mitarbeiter gerne zur Arbeit gehen, damit es keine Belastung ist, damit wir eine Berechenbarkeit herstellen, damit sich niemand Sorgen machen muss, ob der Chef heute cholerisch ist oder die Übergaben richtig gemacht wurden. Es muss zumindest möglich sein, dass die Mitarbeiter ihren Arbeitsplatz mit einem Lächeln und möglicherweise mit einem müden Lächeln, aber eben mit einem Lächeln wieder verlassen.

David Old Brand – Unternehmer, Coach, Sprachtrainer

Der Schotte David Old Brand lebt mittlerweile seit fast 20 Jahren in Braunschweig und ist mit zwei Unternehmen am Markt. Als Coach unterstützt er motivierte Menschen dabei, ihr Potenzial zu entdecken und freizusetzen. Persönlichkeitsentwicklung ist seine Leidenschaft. Mit seinem Unternehmen »kaledonia Kommunikation« hingegen professionalisiert er den internationalen Auftritt von Unternehmen aus Industrie und Handel, für Institutionen, Wissenschaft und Wirtschaft. Übersetzungen, die wie ein Originaltext klingen, und praxisorientierte Sprachtrainings gehören zu seinem Angebot. Doch wie steht er zu seinen Mitarbeitern? Ich habe nachgefragt.

David, was gehört für dich zu einem gesunden Unternehmen, zur gesunden Mitarbeiterführung?

Das ist auch für mich die große Frage. Ein Kumpel von mir, Abteilungsleiter in einer größeren Firma, hat Burnout, und ich habe früher nicht gewusst, was das ist. Er ist wie gelähmt, nicht mehr belastbar, kommt mit seiner Arbeit nicht zurecht. Wie kommt so was? Und wieso kommt das mittlerweile so häufig vor? Langsam habe ich den Eindruck, das ist wie eine Volkskrankheit. Doch wieso ist das so? Mein Kumpel ist in einer eigentlich typischen Situation. Sein Vorgesetzter setzt all seine Anweisungen ohne Wenn und Aber durch. Was er sagt, wird gemacht. Da scheint kein Miteinander zu sein im Entscheidungsprozess. Wenn du jeden Tag Dinge ausführen musst, die du nicht verstehst und mit denen du nicht einverstanden bist, dann ist das vergleichbar mit einer Käsereibe. Du reibst dich auf, und irgendwann kannst du das nicht mehr.

Doch wie können wir das ändern? Das ist für mich die entscheidende Frage für gesunde Unternehmen. Ein gesundes Unternehmen ist Führung, und es liegt wirklich an der Führung. Leute müssen verstehen, was sie tun, warum sie es tun, und sie müssen es auch selber mitgestalten können. Was wir sehen, bei Themen wie agile Führung, ist eine Akzeptanz, dass die Führungskraft nicht mehr alles weiß. Vielleicht war es früher so. Man hat seinen Job gelernt, hat Kompetenzen und Erfahrungen aufgebaut, und nach zehn bis 15 Jahren wurde man zur Führungskraft, zum Vorarbeiter. Doch die Rolle der Führungskraft ändert sich, die Entwicklung ist zu schnell geworden. Die Führungskräfte können nicht immer wissen, was ihre Mitarbeiter stets im Detail tun und was zu verbessern wäre. Daher kann eine Führungskraft auch nicht mehr immer genau verstehen, welche Konsequenzen ihre Weisungen haben. Es wird zunehmend wichtiger, die Mitarbeiter, die Leute, die an der Front sind, einzubeziehen.

Bei meinen Workgroup-Coachings mache ich »Action Learning«. Das sind moderierte Runden, wo die Leute ihre Herausforderungen und Ideen einbringen können und Input von den anderen bekommen. Als Gruppe kommen sie auf Vorgehensweisen und Pläne, wie sie die Firma voranbringen können. Damit das aber funktioniert, muss die Führungskraft das zulassen. Das ist ein Paradigmenwechsel. Ich als Führungskraft oder Chef sage nicht mehr, was zu tun ist, sondern lasse zu, dass die Leute selber Ideen und Verbesserungen entwickeln. Ich muss allerdings auch das übergeordnete Ziel klar kommunizieren, damit sie wissen, wo es hingehen soll. Doch wie sie das Ziel erreichen wollen, sollen sie entscheiden. Sie fahren den Gabelstapler, sie arbeiten im Lager, sie sitzen direkt vor dem Kunden, und daher wissen sie ganz genau, was sie verändern müssen, damit Dinge besser funktionieren. Ich spiele eine moderierende und unterstützende Rolle, statt Anweisungen zu geben und Arbeit zu verteilen.

*Wie sieht es aus in den Unternehmen, für die du arbeitest. Sind
die Mitarbeiter dort bereits Fans des Unternehmens? Oder sind
sie noch Mitarbeiter, die von 9 bis 17 Uhr einfach nur ihren Job
machen?*

Sprüche wie »sich montags schon auf Freitag freuen«. Man hört es
auch im Radio: »Oh es ist Montag«, »Bergfest am Mittwoch«, »lasst
uns irgendwie bis zum Freitag kommen«. Das ist für mich eine Tra-
gödie. Wenn wir uns überlegen, wie viele Stunden wir auf der Arbeit
verbringen und uns dann nur so durch die Woche schleifen. Das ist
eine Katastrophe. Eine Katastrophe für die Personen, die so leben,
und es ist eine Katastrophe für die Unternehmen, die das ganze Potenzial einfach brachliegen lassen. Die Welt verändert sich schnell,
und die Frage ist: Können wir mithalten? Wir brauchen jede Unze
Potenzial, die wir haben und finden können. Wir brauchen die Ideen
und Kreativität der Menschen, damit wir besser und erfolgreicher
werden. Finde ich das vor in Unternehmen? Das ist sehr unterschiedlich. In manchen Unternehmen hast du die Kultur, dass die
Leute beitragen, in anderen nicht. Das ist auch teilweise unterschiedlich in den Abteilungen. Es ist ein Thema, mit dem sich alle beschäftigen können. Einige sind schon gut dran, andere haben noch einen
weiten Weg vor sich. Es ist eine Aufgabe, eine Herausforderung.
Oftmals sind die Menschen, die sich entscheiden müssen, diesen
neuen Weg zu gehen, auch die Menschen, die das gar nicht wollen.
Es muss auch ein bisschen von den Wurzeln kommen, die Menschen
müssen ihre Vorstellungen einbringen. Wir wollen wie Erwachsene
hier stehen, wir wollen die Anerkennung, dass Chef-Sein einfach
ein Job ist wie mein Job auch. Ich führe einfach eine andere Rolle aus.
In manchen Unternehmen hat man den Eindruck, die Leute denken,
der Chef ist da oben und ich muss tun, was er sagt, sonst verliere ich
meinen Job. Ich kann mir nicht vorstellen, so zu leben und zu arbeiten. Und ich kann mir nicht vorstellen, als Führungskraft dazusitzen
und keiner meine Leute will den Mund aufmachen, um mir Feedback zu geben. Das ist auch eine Katastrophe. Dann sitze ich in meinem Elfenbeinturm und weiß gar nicht, was los ist. Das ist für alle
schlecht.

Bei »kaledonia« hast du vier Mitarbeiter.
Wie siehst du dich da als Chef?

In der Entwicklung, ständig. Ich lerne auch ständig dazu. Bei »kaledonia« arbeiten wir bereits jetzt nach vielen der Prinzipien. Meine Leute sind beim Kunden, und sie organisieren ihre Arbeitszeit selber. Sie arbeiten, wo und wann sie wollen und müssen. Es ist ziemlich transparent, was zu tun ist. Sie arbeiten eigenständig, und das ist gut. Ich denke wirklich, dass eine große Zufriedenheit da ist. Ich bin ständig am Abtasten, wie die Stimmung ist. Mein Eindruck ist ganz gut. Daher sind Freiheit und Selbstverantwortung wichtig. Sie tragen auch die Selbstverantwortung, und sie schätzen das auch. Das setzt für mich voraus, dass ich mit viel Vertrauen mit ihnen arbeite. Ohne Vertrauen geht es nicht. Ich bemesse die Leistung meiner Leute nicht nach Anwesenheit, nach Stunden, die der Popo auf dem Stuhl sitzt. Ich bemesse die Mitarbeiter nach dem, was sie wirklich geleistet haben. Das sind Messinstrumente, die unabdingbar sind für New-Work-Ansätze, für agile Ansätze. Es gibt für mich keinen Grund, jemanden dazu zu zwingen, von 8 bis 16 Uhr anwesend zu sein. Die technischen Möglichkeiten geben uns alle Freiheiten.

Denkst du, dass deine Mitarbeiter schon Fans von
»kaledonia« sind?

Ich hoffe es, ich arbeite daran. Ich lese ständig, aktuell von Simon Sinek »Start with Why«. Was ich in den letzten Wochen festgestellt habe, ist, dass ich vielleicht etwas außer Acht gelassen habe, das »Warum« zu kommunizieren. Warum machen wir bei »kaledonia« das, was wir machen? Das ist das, was ich von vornherein gesagt habe. Diese Überzeugung, dass wir Kompetenzen haben, von denen Unternehmen in dieser Region profitieren können, um erfolgreich zu sein. Es ist ein wichtiger Beitrag, damit die Mitarbeiter verstehen, warum wir das machen. Es geht nicht nur darum, alle Gehälter bezahlen zu können. Nur fürs Gehalt kommt man nicht morgens aus dem Bett. Doch die Idee, dass man Unternehmen unterstützen kann und ihren Erfolg mit sichern kann, ist eine viel größere Sache.

Was müssten denn Unternehmen deiner Meinung nach noch machen, um Mitarbeiter zu Fans zu machen?

Wenn ich irgendwo arbeite und diese Organisation, dieses Unternehmen mitgestalte, dann baue ich etwas mit auf. Wenn ich das selber aufgebaut habe und weiter am Bauen bin, weiter Freude bei dieser Arbeit habe, weil ich Verantwortung habe, weil ich Probleme lösen kann, weil ich mein Leben so gestalten kann, weil ich als Mensch auf Augenhöhe mit allen anderen arbeite, dann werde ich Fan. Selbstführung und Führung sind die Schlüsselelemente. Es geht nicht um einen Obstkorb, es geht nicht um einen Dienstwagen. Wenn die Leute Spaß dran haben, dann werden sie Fans sein. Die Erkenntnis, dass ich in meinem Bereich selber führe, dass ich auch nach oben führen kann, dass ich eine Beziehung zu meinem Chef habe und er für Veränderungen offen ist, ein Dialog entsteht, dann bin ich Fan von einem Unternehmen. Natürlich kann man auch mit Dekosachen drumherum ein bisschen was ergänzen. Einen Obstkorb oder eine Kaffeemaschine hinzustellen ist einfach. Doch es geht um die Arbeit an der Unternehmenskultur, was sehr viel schwieriger ist und viel mehr Feingefühl braucht. Es ist ein Change-Prozess. Das ist gar nicht einfach, besonders wenn die Firma seit 100 Jahren besteht.

Was wäre dein Wunsch an die Unternehmen?

Dass sie das Potenzial, was schon da ist, sehen und erkennen. Von den Mitarbeitern, von der ganzen Gruppe. Das wird nicht oft genug angezapft. Wenn man jeden Tag gesagt bekommt, was man zu tun hat, hat man schnell keine Lust mehr. Man sieht das an den Kindern. Sie haben richtig Lust am Lernen, lernen gerne. Dann kommen sie in die Schule und wollen schnell nicht mehr hin. Menschen wollen mitgestalten. Und das sind keine neuen, weichgespülten Ideen. Ich denke, das ist unabdingbar in den kommenden Jahren.

Martin von Hirschhausen – Vermögensbegleiter, Aufsichtsrat, Redner

Mit Aussagen wie »Vermögen ist mehr als Geld« und »Vertrauen ist die neue Währung« steht Martin von Hirschhausen auf der großen Bühne. Als Redner inspiriert er viele Menschen, anders mit ihrem Vermögen umzugehen. Mit 40 Jahren Erfahrung im Bereich Banken und Finanzen national wie international, davon acht Jahren als Vorstand in zwei Banken, weiß er, wovon er spricht. Gesunde Unternehmen aufzubauen ist seine Leidenschaft. Und »EIS« – einfach, individuell, strategisch – ist seine Zauberformel. Im Gespräch berichtet er, wie er sich als Bankvorstand für seine Mitarbeiter eingesetzt hat und was wir daraus lernen können.

Du begleitest Unternehmen und hilfst ihnen, erfolgreich(er) zu werden. Was sind für dich gesunde Unternehmen?

Gesunde Unternehmen sind die, die schlichtweg erfolgreich sind und auf Dauer eine Widerstandskraft haben, dass sie nicht bei der ersten ungünstigen Entwicklung umfallen. Das heißt ganz konkret: genügend Eigenkapital haben, um auch im Verlustfall das Unternehmen auffangen zu können. Genügend Kunden haben, um sich nicht von einem einzelnen Kunden abhängig zu machen. Genügend Lieferanten haben, um den Ausfall eines Lieferanten auch mal kompensieren zu können. Eine starke Kultur haben nach innen und auch nach außen. Für Werte stehen, die klar herausgearbeitet und kommuniziert sind. Nicht nur an der Marke nach außen basteln, sondern sie auch nach innen leben. Die Begeisterungsfähigkeit herauskitzeln bei Mitarbeiterinnen und Mitarbeitern, damit diese sich nicht nur wohlfühlen, sondern auch den berühmten Extra-Schritt, die Extra-Meile, mitgehen, um sich für das Unternehmen zu engagieren. Mit dem Unternehmen verbunden sind immer handelnde Personen, im Regelfall die Vorstände, die Aufsichtsräte und die Eigentümer. All das ist zu integrieren, es ist eine Verantwortung zu leben, und es ist zu prägen, wo unser Unternehmen ein integraler Baustein in unserer Gesellschaft ist. Nach innen entscheidet »Mitarbeiter oder Fans« letztendlich über Wohl und Wehe des Unternehmens. Denn nur mit

engagierten Mitarbeitern und Kollegen bekomme ich ein Unternehmen weiterentwickelt, bekomme ich eine positive Stimmung nach innen, und die strahlt nach außen aus. Fans zu haben, das ist natürlich ein sehr, sehr hoher Anspruch.

Du hast eine Bank aufgebaut, warst dort als Vorstand aktiv.
Hast du denn mitbekommen, wie deine Führungskräfte mit
deinen Mitarbeitern umgegangen sind?

Ja, natürlich. Das ist die tagtägliche Herausforderung und das tagtägliche Umfeld. Ich habe ja ein Gespür dafür, wenn ich in die Bank komme, wie die Atmosphäre ist. Wenn ich ein Kundengespräch am Rande mitbekomme oder wenn ich dabei bin, habe ich ein Gefühl dafür, wie der Draht zwischen Kunden und Mitarbeiter ist. Ich habe sehr viele Kundengespräche selbst geführt und war auch für einige Kunden selbst verantwortlich. Mir geht es besser, wenn es frohe Mitarbeiterinnen und Mitarbeiter gibt und wenn es zufriedene Kunden gibt. Insofern ist es schon aus egoistischen Gründen gut und richtig, das sehr genau im Auge zu behalten und trotz aller Fokussierung auf das Kundengeschäft die interne Kultur immer wieder mitzuprägen, zu hinterfragen, einen engen Draht zu behalten zu Mitarbeiterinnen und Mitarbeitern auf ganz verschiedenen Ebenen. Auch um Feedback zu erhalten und Dinge, die ich vielleicht übersehen habe, zu steuern, um dem einzelnen Mitarbeiter weiterzuhelfen in der Entwicklung.

Spielte bei euch das Betriebliche Gesundheitsmanagement eine Rolle?

In den 17 Jahren, in denen ich in der HypoVereinsbank war, spielte das eine gewisse Rolle. Es gab einen Betriebsarzt sowohl in Hamburg als auch in München. Es gab immer wieder Initiativen, dieses Thema auch in die einzelnen Abteilungen hineinzubringen. Eine Zeit lang hatten wir eine Personal Trainerin da, die in der Mittagspause mit uns Entspannungsübungen gemacht hat. Ich persönlich sehe die primäre Verantwortung für die Gesundheit eher beim Mitarbeiter als beim Unternehmen. Das Unternehmen sollte unterstützend wirken und sensibilisieren, aber an der individuellen Verantwortung kommt niemand vorbei. Somit spielt das Betriebliche Gesundheitsmanagement nur eine gewisse Rolle.

Ja, da gebe ich dir Recht. Die individuelle Verantwortung ist unabdingbar. Doch wenn ein Unternehmen Hilfestellung anbieten kann, dann wird das in den Unternehmen, die wir betreuen, gern angenommen. Es darf nur nicht zur Selbstverständlichkeit werden.

Nach meiner Erfahrung ist Gesundheitsmanagement primär gedacht für die körperliche Ebene. Für mich ist die seelische Ebene noch wichtiger, die psychische Gesundheit. Wie geht es den Mitarbeitern, fühlen sie sich wohl? Was wird getan, wenn es mal nicht so ist, gibt es einen internen Ansprechpartner oder auch eine Vertrauensperson außerhalb des Unternehmens? Da einfach hinzuschauen, eine gewisse Balance zu halten zwischen den Anforderungen aus der Arbeit, die ja nie wirklich ausgeht, und der Gesundheit. Wichtig ist das tagtägliche Arbeitsklima, das sich hoffentlich förderlich auf die psychische Seite auswirkt und dafür sorgt, dass die Arbeit leichter von der Hand geht. Insofern ist das Thema Betriebliches Gesundheitsmanagement sicher eins, das sowohl von der körperlichen als auch von der seelischen Ebene her angegangen werden sollte.

Hattest du in deiner Vergangenheit als Vorgesetzter Fans?
Ich denke und ich hoffe: ja, und zwar auch in der Mehrzahl der Kolleginnen und Kollegen. Es ist ja eine Frage des Empfindens. Wenn das Feedback richtig ist, dann ist das insgesamt schon sehr, sehr positiv. Allerdings sind Interesse, Wertschätzung und Kritikfähigkeit vonnöten, wenn Kollegen mir Themen mit auf den Weg geben, die besser gelöst werden könnten. Das schaue ich mir dann genau an, lege mir das immer wieder vor, wenn ich den Ansatz als förderlich für das Unternehmen und für mich ansehe. Es geht jeden Tag um Veränderungsmanagement, um Transformation, und die fängt bei der eigenen Person an.

Andreas Klement – Personalentwickler, Stratege, Redner und Autor

»Leadership meets Sports« ist das Motto von Andreas Klement, der als Personalentwickler, Moderator und Trainer seit 16 Jahren Unternehmen zu mehr Erfolg verhelfen möchte. Er hat begonnen als Vertriebstrainer und hat dann verschiedene Hürden genommen, ehe er das Thema Führung für sich entdeckt hat. Dabei sagt er selbst, Trainings bringen nichts, Coaching sei reine Zeitverschwendung und Weiterbildung rausgeschmissenes Geld. Was er anders macht im Bereich der Personalentwicklung und wie er Mitarbeiter zu Fans machen möchte, das erzählt er in unserem Interview.

Wie bist du zu dem Thema »Leadership meets Sports«
gekommen?
Dieses Thema hat mich mein ganzes Leben schon ein Stück weit verfolgt. Wir haben ja viele Vorbilder. Meine Vorbilder waren auch früher Sportler. Denken wir an die Fußball-Europameisterschaft 1988 oder

die -Weltmeisterschaft 1990. Die Zeit war geprägt von einem Lothar Matthäus, einem Jürgen Klinsmann oder einem Rudi Völler. Schmeiß einen Namen rein, der Name hat in meinem Zimmer an der Wand gehangen. Was mich bei diesem Thema sehr beeindruckt, ist, dass es Menschen sind, die aus einem nichts oder aus einem Beruf, den sie einmal ausgeübt haben, zu einem Profisportler, einem Leistungssportler werden. Diese Aura, dieses Charisma ist schon phänomenal. Und so habe ich mich entschieden, die Erfolgsmechanismen, die zu den herausragenden Leistungen und zum Erfolg führen, zu analysieren. Daraus ist mein Businessmodell »Leadership meets Sports« entstanden. Denn nur Talent kann es nicht sein, und Hoffnung allein kann es auch nicht sein.

Wie bist du dieses Thema angegangen?
Ich habe geschaut, wie planvoll es ist, wie strategisch es angegangen wird. So habe ich angefangen, mich mit Profisportlern zu vernetzen und sie zu interviewen. Darunter waren Menschen aus unterschiedlichsten Sportarten, Einzelsport und Mannschaftssport, aus den Paralympics. Ich wollte wissen, wie denken die, wie funktionieren die, was tun die, um ihren Erfolg sicherzustellen. Jeder hat da seinen eigenen Plan und seine eigene Strategie. Ich werde häufig gefragt »Warum sind Sportler so erfolgreich?«, und der kleinste gemeinsame Nenner ist, sie haben Spaß. Sie haben Spaß an dem, was sie tun, und das ist ihr größter Antrieb. Wenn die ihren Spaß verlieren an dem, was sie tun, dann beenden sie ihre Karriere. Wenn wir da mal ins Wirtschaftsleben schauen, da möchte ich nicht wissen, wie viele Menschen tagtäglich ihre Arbeit verrichten, ohne dabei Spaß zu haben.

Warum wechseln viele Menschen ihre Arbeit nicht,
wenn sie den Spaß verlieren?
Es ist ja immer einfach gesagt: »Wechsle doch.« »Gib deinen Job auf, irgendwas passiert schon.« (»… und im schlimmsten Fall begib dich in die Armut.«) Es wäre auch vermessen zu sagen, nur weil man mal keinen Spaß an seiner Arbeit hat, sollte man sofort seinen Beruf auf-

geben. Es ist eine Möglichkeit, wenn ich einen guten Plan dahinter habe. Doch vielleicht sollte man schon mal ein bisschen klein anfangen und sich fragen: Was macht mir an meinem Job überhaupt Spaß? Es gibt immer Dinge, die mehr Spaß machen, andere, die eben nicht gefallen. Machen wir uns doch mal bewusst, was uns überhaupt Spaß macht.

Was sind für dich gesunde Unternehmen?
Gesund bedeutet für mich in erster Linie, ganzheitlich draufzuschauen. Sich bewusst machen, dass zum Beruf auch das Privatleben gehört. Jeder weiß, dass, wenn es zu Hause stressig ist, es Probleme gibt, dass man dann auch im Beruf nicht volle Leistung bringen kann. Wichtig ist da die Balance. Bleiben wir noch mal beim Sport. Auch das Sportbusiness hat es verstanden, was Ganzheitlichkeit eigentlich bedeutet. Beispielsweise beim Fußball, wo die Bayern genau auf die Rasenlänge achten, damit der Ball so rollen kann, wie er sollte. Und wenn ein Cristiano Ronaldo für sich herausgefunden hat, dass er nachts nicht durchschläft, sondern mit Unterbrechung, dann steigert das seine Leistungsfähigkeit. Sich bewusst machen, dass es viele Puzzleteile gibt, die zum Unternehmenserfolg führen, das ist für mich ein gesundes Unternehmen.

Was würdest du denn den Führungskräften empfehlen, zu tun, damit ihre Mitarbeiter zufriedener oder gar zu Fans des Unternehmens werden?
Führung ist ein 24-Stunden-Job, eine never ending story. Ich kann nicht eine Sache machen, und dann läuft das. Ich glaube, wir sind in einer Zeit, in der Führungskräfte lernen, Verantwortung abzugeben. Im Sport ist einer der wesentlichen Faktoren für mich, dass man beispielsweise als Trainer auch an sich selbst arbeitet und Verantwortung abgibt. Führungskräfte neigen dazu, die Kontrolle zu behalten, und das behindert das Vertrauen, und das merken die Mitarbeiter. Verantwortung abzugeben ist ein wesentlicher Faktor.

*Viele Führungskräfte sind ja in unserem Alter und haben es gar
nicht anders gelernt, als von oben herab zu führen. Was bringt
das für Herausforderungen mit sich?*

Ich habe mich letztens für einen Zeitungsartikel informiert und
musste feststellen, es gibt bereits Führung 2.0, 3.0, 4.0 und sogar 5.0.
Das sind für mich etwas viele Nullen auf einen Schlag. Führung ist
ein Bereich, der viel Information hat, in dem man viel machen kann.
Mir ist es wichtig, dass man ein einheitliches Verständnis von Führung im Unternehmen hat. Führung bedeutet für mich auch, dass
man echtes Interesse an Menschen hat. Denn warum wird man
eigentlich Führungskraft? Weil man ein hervorragender Fachspezialist ist, doch eben keine Führungskraft. Dann bist du ein 100 %iger
Fachspezialist, kannst aber nicht führen. Und das wird zum Problem.

Wie sieht für dich ein Zukunftsunternehmen aus?

Unternehmen müssen sich der großen Herausforderung stellen,
Mitarbeiter zu finden und zu binden. Ich glaube, man wäre gut beraten, die Ganzheitlichkeit zu beachten und auch Mitarbeiter ganzheitlich zu betrachten und sie nicht nur auf die Produktionsstätte zu
reduzieren. Ich kenne eine Führungskraft, die kennt jeden Namen
der Kinder ihrer 25 Mitarbeiter. Es ist ein Unterschied, ob ich mich
darum kümmere und dafür interessiere, oder eben nicht. Es ist ein
wichtiges Indiz, dass auch andere Themen wichtig sind. Mitarbeiter
müssen uns doch folgen können. Es geht schließlich auch um Entscheidungen, und nicht jede Entscheidung, die getroffen wird, geht
nach der Nase der Mitarbeiter. Von daher, wenn es ein gesundes Unternehmen der Zukunft gibt, dann ist es eines, das die Mitarbeiter
ganzheitlich betrachtet. Uns stehen da noch ganz viele Sachen bevor,
auch gesundheitlich. Wir leben allerdings auch in einem Land, in
dem lebendige Lernkonzepte und von Raum und Zeit unabhängiges
Lernen möglich sind. Aber bitte nur bis 17 Uhr, danach schalten wir
die Handys aus, weil der Betriebsrat sagt, ab 17.30 Uhr dürfen die
Mitarbeiter nicht mehr für das Unternehmen tätig sein. Das ist eine
Sache von vielen Teilen, damit die Puzzleteile ineinanderpassen.

Miriam Fuchs – Texterin, Ideengeberin, Autorin

Mit Texten und Ideen unterstützt Miriam Fuchs verschiedenste Unternehmen im Marketing und in der Pressearbeit. Nach vielen Jahren als Pressesprecherin in einem Tourismusverband hat sie sich 2012 in die Selbständigkeit gewagt – und es nicht bereut. Sie ist begeistert von ihrem Job, schließlich lerne sie dabei ganz viel und werde dafür auch noch bezahlt. 2019 hat sie Neuland betreten und ist seither als Autorin unterwegs. Ihre Herzensprojekte, ihre Botschaften für mehr Lebensfreude, Leichtigkeit und Liebe wollten raus. Selbst hat sie keine Angestellten, dafür aber eine klare Vision von einem wohlwollenderen und menschenfreundlicheren Umgang miteinander, privat und beruflich.

Du bist Unternehmerin mit deiner PR-Agentur,
hast aber keine Angestellten. Du warst eine Zeit lang aber
im Angestelltenverhältnis. Wie war es für dich damals?

Ich würde sagen, ich war viele, viele Jahre wirklich Fan meines Unternehmens. Ich habe 17 Jahre dort gearbeitet. Das war beim Harzer Tourismusverband. Ich habe Werbung für den Harz gemacht, war als Harz-Hexe unterwegs, und dafür habe ich total gelebt. Das war eine ganz, ganz tolle und sehr lehrreiche Zeit. Dann haben sich verschiedene Dinge verändert, es sind unterschiedliche Prioritäten gesetzt worden. Dann kann es natürlich auch mal vorkommen, dass im Stress die Kommunikation etwas flöten geht. Insgesamt war da ein Punkt erreicht, wo ich gesagt hab, da muss ich noch mal was verändern, ich möchte was verändern. So habe ich vor achteinhalb Jahren die Entscheidung getroffen, mein Leben und das, wo ich so lange war und auch die Ausbildung gemacht habe, zu verlassen und in die Selbständigkeit zu gehen.

Was hast du damals vermisst als Angestellte? Du hast gesagt,
du warst Fan deines Unternehmens, aber es haben sich Sachen
verändert. Was muss man sich darunter vorstellen? Was hat dir
gefehlt?

Letztendlich war es in erster Linie so, dass sich die Aufgabenbereiche verändert haben. Ich habe selbst den Pressebereich, die Pressearbeit

dort aufgebaut, war viele Jahre Pressesprecherin, und das war für mich ein sehr wichtiger Teil unserer Arbeit und für mich persönlich eben etwas, das mich absolut begeistert und erfüllt hat. Dann wurden die Prioritäten verändert, es ging mehr in Richtung Online-Marketing, das war alles berechtigt. Meine Leidenschaft, die Pressearbeit, die wurde an vielen Stellen stark zurückgefahren und gefühlt weniger honoriert. Das war eigentlich so der Hauptpunkt, wo ich gesagt habe, das ist eigentlich das, wofür mein Herz schlägt, und das kann ich jetzt nicht mehr so umsetzen, wie ich das früher gemacht habe und auch gern machen würde. Das hat dazu geführt, dass ich mich unwohl gefühlt habe.

Ich freue mich, dass ich hier mit dir sprechen kann, obwohl ich keine Mitarbeiter habe. Ich habe mich bedingt bewusst dafür entschieden, keine Mitarbeiter einzustellen. Das liegt auch daran, dass ich sehr speziell, sehr individuell arbeite. Das lässt sich nicht so ohne Weiteres 1:1 übertragen, denke ich. Und ich bin ja in die Selbständigkeit gegangen, weil ich das machen möchte, was mir Freude bereitet. Wenn ich jetzt die Verantwortung für einen Mitarbeiter übernehmen würde, dann müsste ich ja meine Umsätze extrem erhöhen, und dann würde ich höchstwahrscheinlich mehr Kundenakquise betreiben und Angebote schreiben, als das zu machen, was mir Spaß macht. Daher, glaube ich, ist das, zumindest momentan noch, eine gute Lösung, als Einzelkämpfer unterwegs zu sein.

Das, was du beschrieben hast, sich selbst zu verwirklichen, Ideen zu kreieren im Unternehmen, Aufgaben selbst zu entwickeln: würdest du sagen, das wird momentan noch zu wenig in den Unternehmen auf dem Markt gelebt?

Ich würde sagen, das ist sehr unterschiedlich. Durch meine Arbeit komme ich ja in viele verschiedene Unternehmen und bin immer in gewisser Weise ein Teil des Teams, so sehe ich mich zumindest. Dann habe ich oft auch die Möglichkeit, in deren Arbeitswelt ein bisschen reinzuschnuppern. Es ist sehr unterschiedlich. Es gibt einige Mitarbeiter, die sind absolut Fan vom Unternehmen, die brennen dafür. Die müssen allerdings auch aufpassen, dass sie sich nicht selber verbrennen oder ausbrennen. Das ist mir letztendlich auch schon begegnet. Und dann gibt es Mitarbeiter, die machen Dienst nach Vorschrift. Ich glaube, das Allerwichtigste ist Kommunikation. Kommunikation ist das A und O, sowohl vom Mitarbeiter zum Chef als auch umgekehrt. Zuhören, Gespräche führen, ein Gefühl dafür bekommen, wie es meinen Leuten geht; sind sie an der richtigen Position, fühlen sie sich wohl, sind sie überhaupt in der Lage, ihren Job auch auszufüllen? Das ist, glaube ich, das Allerwichtigste. Und dann natürlich die Leidenschaft. Wenn jemand etwas hat, was ihm Freude bereitet, worin er aufgeht, was er von der Leidenschaft und vom Können her abdecken kann, dann, glaube ich, wird aus ihm ein motivierter Mitarbeiter oder auch Fan.

Was sind für dich gesunde Unternehmen, was gehört für dich dazu?

Ein gesundes Unternehmen ist zukunftsorientiert unterwegs; das ist, glaube ich, das Allerwichtigste. Und da stehen nicht in erster Linie, aus meiner Sicht, Gewinnmaximierung und Profit ganz oben, sondern Stabilität auch auf die nächsten Jahrzehnte gesehen, wenn man das irgendwie beeinflussen kann. Also wirklich zukunftsorientiert arbeiten, langfristige Planungen machen, langfristig dann auch mit Blick auf die Mitarbeiter. Ich höre überall, dass es schwierig ist, gute Mitarbeiter zu finden. Wenn ich einen guten Mitarbeiter habe, dann sollte ich auch alles möglich machen, damit er bleibt und sich wohlfühlt. Dazu gehören wieder die Themen Zuhören, Hinhören, Hinschauen, Gucken, was ihm guttut und was er braucht. Ein gesundes Unternehmen ist eines, das sich zukunftsorientiert aufstellt und da alle Aspekte berücksichtigt, nicht nur die Gewinnmaximierung.

Richtig aufstellen heißt auch richtig führen. Wie ist da deine Auffassung: Wie muss man sich da für die Zukunft aufstellen?

Ich glaube, die klassische Hierarchie stirbt nach und nach aus, zumindest in unseren Breitengraden, weil wir uns nicht mehr so ohne Weiteres unterordnen und anpassen können – gerade auch nicht die nachwachsende Generation. Gerade die Menschen, die motiviert sind, die engagiert sind, die selbstverantwortlich arbeiten und sich einbringen wollen, die können nicht in einer starren Hierarchie arbeiten. Die brauchen einen gewissen Entscheidungsfreiraum, um sich überhaupt entfalten zu können und um ihr Bestes zu geben für das Unternehmen. Ich bin da mittlerweile auch tollen Menschen begegnet, die anders denken, die anders arbeiten. Die ihren Mitarbeitern wirklich die Möglichkeit geben, sich selbst zu verwirklichen, eigenverantwortlich zu arbeiten. Das bedeutet nicht, dass die Mitarbeiter nur noch das machen, was Spaß macht. Das ist gar keine Frage. Es bedeutet auch 80 % Arbeitsalltag und 10 oder 20 % visionäre Dinge. Doch sie kriegen überhaupt die Möglichkeit, »laufen zu lernen« und zu agieren, als wäre es letztendlich das eigene Unternehmen.

Und derjenige, der dahintersteht, vertraut ihnen voll und sagt nicht kurz vor der Präsentation: »Ach Mensch, zeig doch mal her, was hast du denn da vorbereitet?«, sondern er überlässt wirklich ihnen den Kunden. Er lässt dann auch Fehler zu, sodass die Mitarbeiter auch lernen. Ich denke, das ist auch ganz wichtig.

Du sagst, eine Fehlerkultur ist okay, Fehler sind ja eigentlich dazu da, dass man aus ihnen lernt.
Ja, Fehler sind dazu da, dass man aus ihnen lernt. Natürlich ist das immer relativ. Wenn wir uns einen Chirurgen im OP vorstellen, da ist ein Fehler katastrophal, kann tödlich sein und ist etwas, was wir logischerweise nicht wollen. Das heißt, auch da muss man die Arbeitsbedingungen so schaffen, dass möglichst keine Fehler passieren. Ich sag jetzt mal, genügend Schlaf, was die Schichten angeht in Krankenhäusern und so weiter. Doch bei den meisten anderen Jobs, die wir haben, bei sehr vielen, in denen wir uns dolle stressen, sind Fehler gut zum Lernen. Viele Fehler, um die es in kleinen Teams richtig Ärger gibt, die sind so klein, da kann man was draus lernen und es anders machen zukünftig, anstatt sich darüber aufzuregen.

Das beschreibst du ja auch in deinem Buch »Ja! Leben darf leicht sein!«: dass man die Energie, die man in den Ärger stecken würde, lieber in Lösungen stecken sollte.
Richtig, mein Herzensprojekt, mein erstes Buch. Ich glaube, dass wir an vielen Stellen im Privaten und auch im Berufsleben unheimlich viel Energie vergeuden, indem wir, wie gesagt, auf Fehlern herumkauen oder Erbsen zählen und noch ein μ anpassen müssen zum 150 000. Mal. Ja, theoretisch kann es sein, dass einem Kunden dieses Detail hinterher auffällt. Für die große Masse ist es höchstwahrscheinlich aber egal, ob ein Bild einen Millimeter weiter links oder rechts steht. Wahrscheinlich würde mich ein Designer jetzt verhauen wollen, aber es ist so, man stresst sich so oft mit solchen Sachen. Wir können die Energie viel besser nutzen für andere Sachen. Es ist ja nicht schlimm, sich über einen Fehler zu ärgern und zu sagen »hey, das war jetzt Bockmist«. Man muss auch mal Tacheles miteinander

reden können, nur: Dann muss es auch gut sein. Dann ist es okay und dann muss wieder weitergearbeitet werden, dann darf man wieder vorwärtsgehen. Die Mitarbeiter müssen das Vertrauen haben, dass sie für einen Fehler nicht abgestraft werden, dass man ihnen dann nicht mehr vertraut. Das ist auch ganz wichtig, dass die Mitarbeiter trotzdem weiter Vertrauen haben. Dass sie wissen »okay, Fehler war da, war dumm, Haken dran, wir lernen draus, wir gehen weiter«, und dass der Fehler ihnen nicht die nächsten Wochen noch aufs Brot geschmiert wird.

Alle vollständigen Interviews gibt es unter:
https://anchor.fm/christian-brink-01

BGM-Unternehmens-Analyse

(zum Kapitel »Wie baue ich ein gutes Betriebliches
Gesundgeitsmanagement auf?«)

Bitte beachten:
Ja bedeutet: ist bereits umgesetzt
Nein bedeutet: ist angedacht, aber noch nicht umgesetzt
Nicht relevant bedeutet: nicht möglich aus betrieblichen
Gründen

Nr.	Umsetzung	ja	nein	nicht relevant
	I. Struktur des BGM im Unternehmen			
1	Gibt es ein Unternehmensleitbild für das BGM?	ja	nein	nicht relevant
2	Gibt es klare Zuständigkeiten für das BGM?	ja	nein	nicht relevant
3	Gibt es Ressourcen (materielle, finanzielle, personelle) für das BGM?	ja	nein	nicht relevant
4	Ist ein Betriebsarzt vor Ort?	ja	nein	nicht relevant
5	Gibt es einen Sicherheitsbeauftragten?	ja	nein	nicht relevant
6	Werden Fort- und Weiterbildungen zum Thema Gesundheit, Gefahren und Unfallvermeidung im Unternehmen durchgeführt?	ja	nein	nicht relevant
7	Gibt es ein Steuergremium/Gesundheitsteam?	ja	nein	nicht relevant
8	Werden die Sitzungen des Steuergremiums dokumentiert?	ja	nein	nicht relevant
9	Hat das Steuergremium Entscheidungskompetenz?	ja	nein	nicht relevant
10	Gibt es regelmäßig überbetrieblichen Erfahrungsaustausch zum Thema BGM?	ja	nein	nicht relevant
11	Sind Mitarbeiter der unteren Hierachieebene im Steuergremium?	ja	nein	nicht relevant
12	Wird das Steuergremium von einem externen BGM-Berater oder Moderator unterstützt?	ja	nein	nicht relevant

Nr.	Umsetzung	ja	nein	nicht relevant
	II. Analyse im Unternehmen			
13	Wird regelmäßig der Gesundheitsstand der Mitarbeiter analysiert?	ja	nein	nicht relevant
14	Gibt es regelmäßig Arbeitsplatz-Belastungs-Analysen?	ja	nein	nicht relevant
15	Gibt es regelmäßig Gesundheitsberichte mit Auswertung?	ja	nein	nicht relevant
16	Werden Vergleichsdaten herangezogen (intern/extern)?	ja	nein	nicht relevant
17	Werden die Ergebnisse öffentlich im Unternehmen bekannt gegeben? (Gesundheitsberichte, Mitarbeiterbefragungen etc.)	ja	nein	nicht relevant

Nr.	Umsetzung	ja	nein	nicht relevant
	III. BGM-Planung im Unternehmen			
18	Sind die Ziele für das BGM messbar?	ja	nein	nicht relevant
19	Erfolgt die Maßnahmenauswahl auf Basis der Mitarbeiterbefragung?	ja	nein	nicht relevant
20	Nutzt das Gesundheitsteam alle Kommunikationskanäle zu den Mitarbeitern?	ja	nein	nicht relevant
21	Gibt es eine Zielgruppenbestimmung in der Planung und wird diese aktiv einbezogen?	ja	nein	nicht relevant
22	Gibt es externe Anbieter für Maßnahmen?	ja	nein	nicht relevant
23	Werden Krankenkassen für die Planung eingebunden?	ja	nein	nicht relevant
24	Werden in der Maßnahmen-Planung personelle Ressourcen berücksichtigt?	ja	nein	nicht relevant
25	Sind genügend Ressourcen (zeitlich, räumlich, materiell) vorhanden?	ja	nein	nicht relevant

Nr.	Umsetzung	ja	nein	nicht relevant
	IV. Durchführung von Maßnahmen im Unternehmen			
26	Wird betriebliche Gesundheitsförderung aktuell durchgeführt?	ja	nein	nicht relevant
27	Gibt es Bewegungsprogramme?	ja	nein	nicht relevant
28	Gibt es Ernährungsprogramme/Beratungen?	ja	nein	nicht relevant
29	Gibt es Anti-Stress-Programme/Beratungen?	ja	nein	nicht relevant
30	Gibt es Achtsamkeitsprogramme?	ja	nein	nicht relevant
31	Gibt es Vorsorgeuntersuchungen?	ja	nein	nicht relevant
32	Gibt es Suchtpräventionsprogramme?	ja	nein	nicht relevant
33	Gibt es Gesundheitstage im Unternehmen?	ja	nein	nicht relevant
34	Gibt es Gesundheits-Informationsprogramme?	ja	nein	nicht relevant
35	Gibt es flexible Arbeitszeitmodelle?	ja	nein	nicht relevant
36	Gibt es Arbeitsplatzbewertungen?	ja	nein	nicht relevant
37	Gibt es ergomomisch ausgestattete Arbeitsplätze?	ja	nein	nicht relevant
38	Gibt es ein betriebliches Eingliederungsmanagement (BEM)?	ja	nein	nicht relevant
39	Werden Maßnahmen dokumentiert?	ja	nein	nicht relevant
40	Gibt es für die Maßnahmen externe Anbieter?	ja	nein	nicht relevant
41	Gibt es für die Maßnahmen einen internen Verantwortlichen?	ja	nein	nicht relevant
42	Gibt es für die Maßnahmen bevorzugte Krankenkassen?	ja	nein	nicht relevant
43	Werden Maßnehmen gut angenommen?	ja	nein	nicht relevant
44	Findet eine Kontrolle der Maßnahmen statt?	ja	nein	nicht relevant

Nr.	Umsetzung	ja	nein	nicht relevant
	V. Erfolgsbewertung und Einbindung im Unternehmen			
45	Werden Maßnahmen ausgewertet?	ja	nein	nicht relevant
46	Werden die Mitarbeiter um ein Feedback gebeten?	ja	nein	nicht relevant
47	Werden erfolgreiche Maßnahmen im Alltag implementiert?	ja	nein	nicht relevant
48	Wird der Einfluss des BGM bei der Erfolgsbewertung des Unternehmens berücksichtigt?	ja	nein	nicht relevant
49	Werden BGM-Ergebnisse in der zukünfigen Planung von Maßnahmen berücksichtigt?	ja	nein	nicht relevant
50	Haben Sie Mitarbeiter oder Fans ?	ja	nein	nicht relevant

BGM = Betriebliches Gesundheitsmanagement

Führungsstile

(zum Kapitel »Exkurs: Führungsmethoden und -theorien«)

Prüfen Sie doch mal, welchen Führungsstil Sie aktuell praktizieren. Die folgenden Führungsstile geben Ihnen ein wenig Aufschluss darüber.

Bürokratischer/Formaler Führungsstil

Beim bürokratischen oder formalen Führungsstil ist die Unternehmenskultur stark von Richtlinien, Regeln und formalisierten Abläufen geprägt. Nicht ohne Grund denkt man an Behörden und starre Großkonzerne. Neulinge haben da keinen leichten Einstieg. Die Position im Organigramm und die Befugnisse eines einzelnen Mitarbeiters sind klar definiert, und Karriere kann er nicht durch gute Leistung machen, sondern – überspitzt formuliert – nur durch Zeitablauf.

Autoritärer/Rigoroser/Autokratischer Führungsstil

Dieser Führungsstil basiert auf strengen Regeln und Vorgaben und einer klar definierten Hierarchie – nicht ohne Grund denkt man da zunächst an Behörden oder gar das Militär. Die Führungskraft steht über ihren Mitarbeitern und verfügt über mehr Wissen und Erfahrung als sie; sie trifft alle Entscheidungen aus ihrer übergeordneten Position heraus allein, und die Mitarbeiter haben diesen Entscheidungen Folge zu leisten. Das spart Zeit, und im Idealfall sind Strategie und Richtung stringent – soweit die Vorteile. Die Mitarbeiter allerdings können sich kreativ kaum entfalten, und so entsteht nur schwer Neues.

Charismatischer Führungsstil

Vorgesetzter und Mitarbeiter stehen ähnlich zueinander wie beim autoritären/rigorosen/autokratischen Führungsstil, doch Ersterer ist immerhin eine charismatische Persönlichkeit, die ihre Mitarbeiter für ihre Entscheidungen zu begeistern weiß. Charisma und Ausstrahlung bieten die besten Karrierechancen – mehr als Wissens- und Erfahrungsvorsprung – und sind die Gründe dafür, dass die Führungsperson bei ihren Mitarbeitern Akzeptanz findet.

Kooperativer/Demokratischer/Liberaler Führungsstil

Der kooperative, demokratische bzw. liberale Führungsstil ist vor allem in jungen und kreativen Bereichen zu finden. Die Mitarbeiter dürfen bei diesem Führungsstil an der Entscheidungsfindung mitwirken, was ihre Kreativität genauso fördert wie ihr selbständiges Arbeiten und ihr Mitdenken. Die Entscheidungsfindung an sich dauert aber natürlich länger, je mehr Personen eingebunden sind, und unter Umständen verliert die Unternehmensstrategie durch die Mitwirkung vieler an Stringenz.

Lockerer Führungsstil/Laissez-faire-Führungsstil

Beim Laissez-faire-Führungsstil (franz. »Lass es«) wird kaum etwas von oben vorgegeben. Die Mitarbeiter organisieren ihre Arbeit und die Arbeitsabläufe selbst und übernehmen die Weitergabe von Wissen eigenverantwortlich. Das kann allerdings dazu führen, dass sich für bestimmte Bereiche wie etwa die Informationspolitik niemand zuständig fühlt oder dass Missständen nicht nachgegangen wird, ja dass ein gewisses Durcheinander entsteht. Das Ganze funktioniert daher nur in eingespielten Teams, wenn die Zuständigkeiten und das Know-how sowie die Fähigkeiten des Einzelnen bekannt sind und effizient genutzt werden. Jeder muss sich in einem solchen Team einbringen und das Seine leisten.

Partizipativer/Beteiligender Führungsstil

Beim partizipativen oder beteiligenden Führungsstil ist der Grad der Mitbestimmung durch einzelne Mitarbeiter zwischen dem autoritären/rigorosen/autokratischen und dem kooperativen/demokratischen/liberalen Führungsstil angesiedelt: Der Mitarbeiter darf mitentscheiden, allerdings in einem klar definierten Umfang oder Bereich, also nicht überall und uneingeschränkt. Oft wird der Mitarbeiter bei diesem Führungsstil auch am Unternehmenserfolg beteiligt oder genießt andere betriebliche Vorteile (Betriebskantine, Altersvorsorgemodelle oder dergleichen).

Situativer/Situationsbedingter Führungsstil

Was mit dem situativen oder situationsbedingten Führungsstil gemeint ist, erklärt sich von selbst: Die Führungskraft entscheidet aus der jeweils aktuellen Situation heraus, welcher der bereits definierten Führungsstile der angemessene ist. So kann es sein, dass er für verschiedene Aufgaben unterschiedliche Führungsstile wählt, oder auch für unterschiedliche Mitarbeiter, je nach deren Erfahrung, Charakter und Position beispielsweise. Naturgemäß lässt sich der Erfolg dieses Führungsstils kaum messen.

Transformationaler/Werteorientierter Führungsstil

Der transformationale bzw. wertorientierte Führungsstil hat sich in Studien bewährt. Mit »transformational« ist gemeint, dass die Einstellung eines Mitarbeiters sich verändert: Er akzeptiert seinen Vorgesetzten hier nicht wegen dessen Charismas, sondern weil über die Dauer und/oder Art der Zusammenarbeit bereits ein Vertrauen und eine Loyalität entstanden sind, basierend auf Respekt oder Bewunderung. Es geht also um die subjektiven Werte und Ansichten des Mitarbeiters. Meist erfolgt ein solcher Vertrauensaufbau durch Mitarbeitergespräche und eine gezielte Förderung des Mitarbeiters durch Fortbildungsmöglichkeiten etc. Seine Motivation zieht er folglich daraus, dass er sich in seiner persönlichen Entwicklung unterstützt fühlt, die Ziele seines Arbeitgebers kennt und auch belohnt wird, wenn er das von ihm Erwartete geleistet hat.

Abbildungsnachweis

Umschlag: ©Alekss / AdobeStock; ©rob z / AdobeStock; Porträt: Christian Schultze • S. 6/7: Adobe Stock von Coloures-Pic bearbeitet von Christian Brink • S. 9: Christina Pörsch • S. 10: Christian Brink • S. 14: ©Song_about_summer – stock.adobe.com • S. 16: Erhard Lüdtke u. Hartwin Schukowski, »Wir schaffen es«, Zentralinstitut für Diabetes der DDR, Seite 104 • S. 17: Christian Brink • S. 19: Christian Schulze • S. 22: Dominik Pfau • S. 23: Christian Schulze • S. 24: Christian Schulze • S. 28: Christian Brink • S. 29, 30: Grafik Christian Brink auf Grundlage von BKK, Gesundheitsreport 2019 • S. 34: Christian Brink • S. 37: ©New Africa – stock.adobe.com • S. 39: Christian Brink • S. 42: ©Song_about_summer – stock.adobe.com • S. 50, 54, 59: Grafik Christian Brink nach Prof. Dr. Christian Hanisch • S. 60: ©LIGHTFIELD STUDIOS – stock.adobe.com • S. 66: Christian Brink • S. 73: Christian Brink • S. 76: Christina Pörsch • S. 88: Dominik Pfau • S. 94: Christian Brink • S. 100: ©fizkes – stock.adobe.com • S. 106, 112: Christian Brink • S. 117: Christian Schulze • S. 120: Christian Brink • S. 126: © Blue Planet Studio – stock.adobe.com / bearbeitet von Christian Brink • S. 128: Christian Brink • S. 132: Dominik Pfau • S. 137: Christian Böhlke • S. 141: filmpunktton • S. 144: Dominik Fürtbauer • S. 150: Claus Hartmann • S. 157: Frank Straube • S. 161: Alex Scharf • S. 165: David Old Brand • S. 171: Dominik Pfau • S. 174: Holger Bulk • S. 179: Dirk Bartschat • S. 191: Dominik Pfau • S. 192: Christian Brink